グリーンインフラによる都市景観の創造
―金沢からの「問い」

企画：金沢大学地域政策研究センター
編者：菊地直樹・上野裕介

公人の友社

目次

はじめに　都市景観をグリーンインフラから考える
佐無田 光（金沢大学地域政策研究センター長）……4

第一部　グリーンインフラを学ぶ……9

第1章　グリーンインフラとは
西田 貴明（三菱ＵＦＪリサーチ＆コンサルティング）……10

第2章　グリーンインフラを核にした Livable City（住みやすい都市）の創成
福岡 孝則（東京農業大学）……24

第二部　グリーンインフラから金沢の都市景観を考える……39

第3章　都市型グリーンインフラと持続可能性：防災・環境・経済の統合
上野 裕介（石川県立大学）……40

第4章　金沢グリーンインフラ・ブルーインフラの創出
：都市生態系サービスの保全と基礎
ファン・パストール・イヴァールス
（国連大学サステイナビリティ高等研究所
いしかわ・かなざわオペレーティング・ユニット）……51

第5章　文化創造するグリーンインフラ：金沢の用水網の多用途性
飯田 義彦（金沢大学）……62
第6章　日本庭園とグリーンインフラ：相反か、相補性か
エマニュエル・マレス（奈良文化財研究所）……74
第三部　グリーンインフラから社会を創る……87
第7章　グリーンインフラの順応的ガバナンスに向けて
菊地 直樹（金沢大学）……88
付論1　国際シンポジウム「都市景観をグリーンインフラから考える
：金沢市における活用と協働」報告
坂村 圭（北陸先端科学技術大学院大学）……101
付論2　国際シンポジウム・エクスカーション報告
坂村 圭（北陸先端科学技術大学院大学）……113
おわりに　菊地 直樹（金沢大学）・上野 裕介（石川県立大学）……118
著者略歴……123

はじめに　都市景観をグリーンインフラから考える

佐無田 光（金沢大学地域政策研究センター長）

本書は、２０１８年8月31日に石川県金沢市で開催された国際シンポジウム「都市景観をグリーンインフラから考える―金沢市における活用と協働―」から生まれた。

右記のシンポジウムは、金沢大学地域政策研究センター、金沢市、国連大学サステイナビリティ高等研究所いしかわ・かなざわオペレーティング・ユニット、そして一般財団法人・エコロジカル・デモクラシー財団の共催で開催された。グリーンインフラというテーマを掲げて、スペイン、フランス、韓国出身の研究者と、当該分野における国内のオピニオン・リーダー、および地元石川県在住の専門家や一般市民らが一堂に会し、ラウンドテーブル型で議論を展開した。本書はその成果をもとに、会議に参加した主要メンバーが、一般向けに論点を整理して新たに書き起こしたブックレットである。

当シンポジウムの主催校であった金沢大学人間社会研究域附属地域政策研究センターは、地域再生に関する政策研究と国際比較を多角的な方面から進めてきた。同センターでは、２０１６年度より、日本学術振興会学術システム研究センターの委託を受け、「人文学的地域研究の国際的な学術研究動向調査」として、伝統工芸、文化的景観、そしてグリーンインフラといった有形無形の地域資源を活用する現代的な地域政策について、国内外の研究動向を調査してきた。

その一環として２０１８年度の本企画にあたってメルクマールとなったのは、金沢市の景観政策50周年である。金沢市では１９６８年に、全国初の自治体による独自の景観条例として「金沢市伝統環境保存条例」を制定した。当時は高度成長の真っ只中で、まだ「景観」という言葉すら一般的ではなく、「伝統環境」という表現で、金沢市は独自に次のように定義を行った。伝統環境とは、「樹木の緑、河川の清流、新鮮なる大気につつまれた自然環境とこれらに包蔵された歴史的建造物、遺跡等及びこれらと一体をなして形成される環境」であると。この理念は、狭く建造物だけを景観保全の対象とするのではなく、自然、歴史、そして近年「文化的景観」と呼ばれるようになった人々の暮らしの風景が一体となった都市環境・都市景観全般を保全の対象として考えていた。あらためて読みなおすと大変先進的な思想が込められていたことがわかる。

金沢市ではこうした考え方に基づいて、その後、こまちなみ保存条例（古い建物の並ぶ細街路を対象）、用水保全条例、屋外広告物条例、斜面緑地保全条例、寺社風景保全条例、沿道環境形成条例、夜間景観形成条例など、「景観」という概念を広く適用して、都市環境・都市生活を大事に守ってきた。そしてこれらが実は、今日において欧米を中心に国際的に議論されている「グリーンインフラ」という理念とつながってくるのではないか、という発想がシンポジウムの企画につながっている。

グリーンインフラという考え方は、コンクリートなどの人工構造物に代表される従来型の社会基盤に対置して、環境資源の持つ柔軟かつ多面的、一体的な機能や役割に目を向けるものである。グリーンインフラは防災や水質浄化あるいは生物多様性やレジリエンスといった観点からも注目されているが、金沢の都市景観の歴史性を素材にするならば、より日本的な自然観や文化や地域コミュニティに根ざした、新しいグリーンインフラ論を発信できるのではないかと考えた。

これは、現在国際的なテーマになっているＳＤＧｓの課題ともつながってくる。持続可能な開発目標＝Sustainable Development Goalsは、２０３０年の達成を目指して世界共通の17の目標が掲げられて、２０１６年に正式に発効した。国連大学サステイナビリティ高等研究所は、1年間かけてＳＤＧｓ達成のためのアイディアを広く参加者と対話・共有していこうという「ＳＤＧｓダイアローグシリーズ」を展開してきたが、本企画はこのうち「持続可能なまちづくり」の目標を討議するものであった。

もう一つの関連するキーワードは、エコロジカル・デモクラシーである。これは、「自然と社会を組み合わせて創る新しい価値」と説明され、「可能にする形態」(enabling form)、「回復できる形態」(resilient form)、「推進する形態」(impelling form) に着目して、人々が暮らしの中で自然や社会とつながっていく都市デザインを目指す考え方である。参加と学習という観点からグリーンインフラ論を補完するアプローチになると我々は考えている。今回の事業では、エコロジカル・デモクラシー財団と連携して、現地視察のエクスカーションをベースに、対象地域における社会と景観と自然のつながりを考えるワークショップを実施した。

このように、本企画の特徴は、幅広い方法論を持つ専門家や組織・機関のネットワークで対話を実現したところにある。関わった関係者・支援者の皆様には心より御礼申し上げたい。特に、金沢大学の野村眞理教授と日本学術振興会学術システム研究センターには、地域政策研究センターの国際シンポジウムの開催に毎年多大なご支援をいただいている。金沢市景観政策課の皆さんにはエクスカーションを丁寧にコーディネートしてもらった。本書に執筆したメンバーに加えて、収録はできなかったが、ソウル大学の宋泳根先生からは韓国におけるグリーンインフラの展開について刺激的なご報告をいただいた。環境省の岡野隆宏様、国土交通省の舟久保敏様、東京工業大学の土肥真人准教授、同志社大学の佐々木雅幸教授、金沢21世紀美術館の島敦彦館長、金沢市の木谷弘司都市整備局長からは貴重なコメントを頂戴した。エコロジカル・デモクラシー財団の事務局吉田祐記様および金沢大学丸谷ゼミの皆さんには視察の取りまとめにご尽力いただいた。シンポジウムの開催にあたって、環境省中部地方環境事務所、石川県、石川県立大学、グリーンインフラ研究会、および、認定ＮＰＯ法人趣都金澤からご後援をいただいた。記してそれぞれのご協力に感謝したい。また、当日の活発な議論に加わっていただいた全ての参加者にお礼を申し上げる。

ＳＤＧｓをはじめとして社会の課題解決のために、従来のように縦割りの組織単位ではなく、組織を超えた水平的で柔軟なネットワークで取り組んでいく社会的な実験が各地で広がっている。多分野の専門的知識をつなげ、国際比較の視点と地域の実態を踏まえつつ、現場で実装的に社会課題に取り組んでいくスタイルのガバナンスが求められている。本書もまた、一つのアプローチではなく、多様な関係者の連携による地域政策論の実験であり、この試みがＳＤＧｓ時代の新しいガバナンスの発展に少しでも寄与することを願っている。

第一部　グリーンインフラを学ぶ

第1章　グリーンインフラとは

西田　貴明（三菱ＵＦＪリサーチ＆コンサルティング）

1　グリーンインフラとは

グリーンインフラとは何か。筆者も参加する多様な分野の研究者が参加するグリーンインフラ研究会が発刊した書籍「グリーンインフラ研究会２０１７」では、次のように定義している。「自然が持つ多様な機能を賢く利用することで、持続可能な社会と経済の発展に寄与するインフラや土地利用計画」（図1）。そして、グリーンインフラの施設や空間の例としては、雨水の貯留や浄水機能を持った道路の路側帯や街路樹、洪水時のレクリエーション機能を備えた農地や遊水地、災害の避難場所となる防災機能の高い公園・緑地、生き物を育む森林と一体となった防潮堤、雨水を貯められる市民農地や個人の庭、水源涵養機能を備えた森林や農地までも対象となる。また、グリーンインフラとしての土地利用計画は、自然の機能を活かした行政が策定する土地利用の計画や、緑地を含む民間企業の開発事業の計画などが当てはまる。さらにもう少しグリーンインフラを幅広い意味で捉えると、自然環境（生態系・動植物）を活用することで地域活性化や防災・減災を進めるインフラであり、新しいまちづくりの考え方と言ってもいい。このようなグリーンインフラの考え方は、欧米で注目された後、2015年以降に日本でも環境、土木、建築、経済などの様々な分野で大きな注目が集まり、現在、国土交通省や環境省などの国や地方自治体の計画に示され、全国各地で実践されようとしている。

それでは、どのようなグリーンインフラの考え方に注目が集まっているのだろうか。世界中の様々なグリーンインフラの定義を詳しく見ると、国や地域、または学問分野によって様々な表現がされている。欧米におけるグリーンインフラにおいては、自然環境のネットワークの拡充に重きが置かれ、米国では都市の水害リスクの低減に向けた取組が中心であるが、自然の機能の活用を目指す点は共通している（図2）。実際、欧州政府の行政計画である欧州グリーンインフラ戦略（EU Green Infrastructure

図1　グリーンインフラの概念「出典：グリーンインフラ研究会ら（2017）」

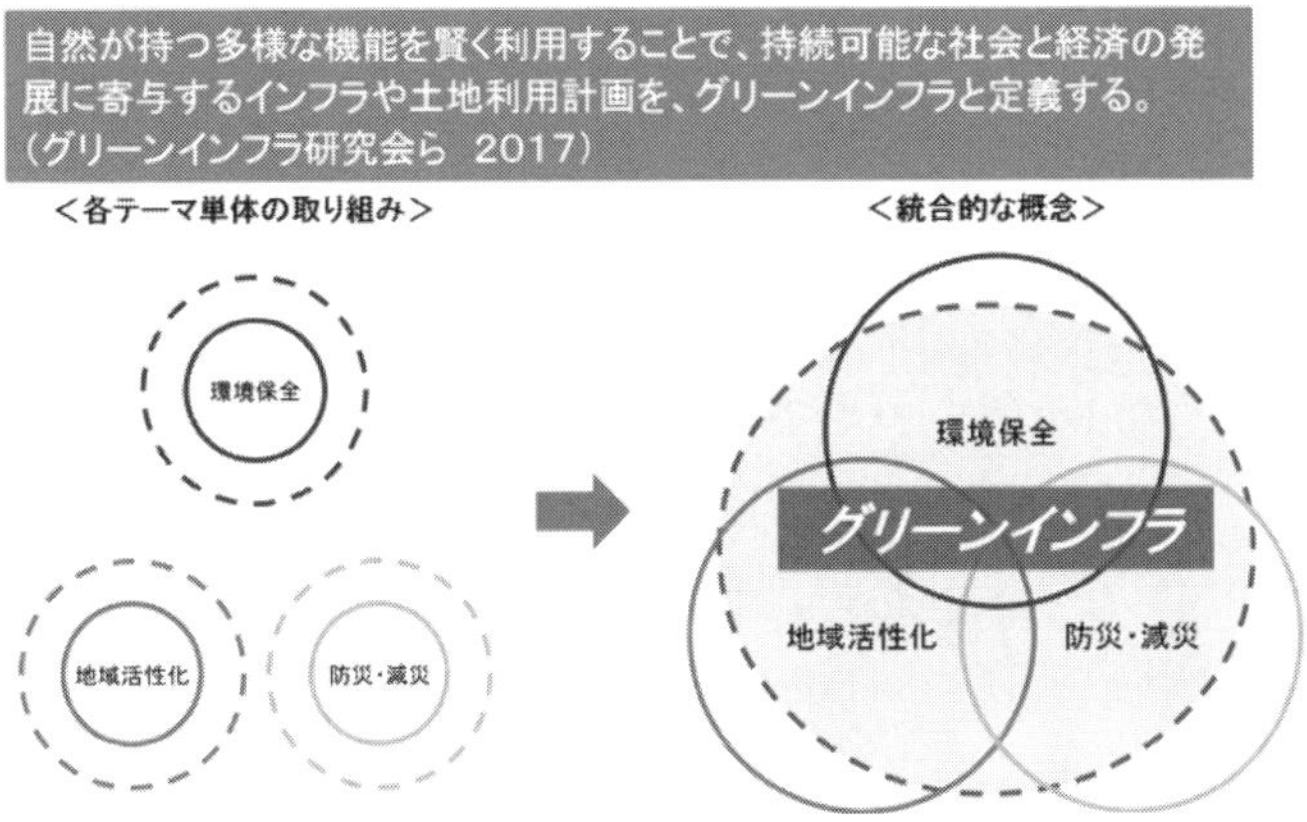

図2　欧州と米国のグリーンインフラの定義

EU Green Infrastructure Strategy: 欧州委員会（EC）（2013）

多様な生態系サービスを享受するため、デザインされ管理されている自然環境・半自然環境エリア及びそのほかの環境要素（動植物、景観など）をつなぐ戦略的に考えられたネットワーク。グリーンインフラはグリーンスペースやその他の陸上、海岸、海洋における環境要素を一体化させる。

引用：EU Green Infrastructure Strategy, Communication from the Commission 2013

Evaluation of Urban Soils : 米国環境保護庁（EPA）（2011）

全体的な環境の質を向上させ、ユーティリティーサービスを提供する自然のシステム―あるいは自然のプロセスを模倣したシステム―を用いた製品、技術および実行を意味する。土壌・植物が雨水流出の浸透、蒸散、リサイクルに使われるとき、グリーンインフラは雨水管理システムとしての役割を持つ。

引用：Evaluation of Urban Soils: Suitability for Green Infrastructure or Urban Agriculture, EPA 2011

Strategy）「EC2013」を見ると、欧州の定義は「多様な生態系サービスを享受するため、デザインされ管理されている自然環境・半自然環境エリア及びそのほかの環境要素（動植物、景観など）をつなぐ戦略的に考えられたネットワーク。グリーンインフラはグリーンスペースやその他の陸上、海岸、海洋における環境要素を一体化させる」であり、冒頭には「生態系サービスを享受するため」と書かれており、保護ではなく、自然環境を活用することが強調されている。一方で、米国の行政文書である環境保護庁「EPA2011」のグリーンインフラの定義の記載を見ると「全体的な環境の質を向上させ、ユーティリティーサービスを提供する自然のシステム―あるいは自然のプロセスを模倣したシステム―を用いた製品、技術および実行を意味する。土壌・植物が雨水流出の浸透、蒸散、リサイクルに使われるとき、グリーンインフラは雨水管理システムとしての役割を持つ」となっている。つまり、米国でも欧州と同じであり、グリーンインフラは自然環境の保護を目的とするのではなく、自然の機能を人のために活用することを重視している。その上で、欧州においては、生態系サービス、すなわち自然の恵みを活かした地域づくり、米国においては自然的な環境を活かした雨水管理の推進に重きが置かれた表現となっており、「自然の多様な機能を活用すること」は共通している。そして、欧州、米国のそれぞれでグリーンインフラの取組が広がった２０１５年前後から、生物多様性や気候変動など、さまざまな国際条約において推奨され、世界中の主要な都市において防災・減災、経済振興、環境保全などの様々な分野において取組が大きく広がってきた。欧米や国際的な議論では、グリーンインフラは、言葉のイメージで連想される環境に優しいというだけでなく、自然環境を活用したインフラ施設や空間を創っていこうという点に注目が集まっている。さらに、グリーンインフラの類似の概念である、Eco-DRR（Ecosystem based Disaster Risk Reduction: 生態系を活用した防災・減災）といったキーワードも含めて、防災・減災分野において特に自然の機能や特徴を活かす議論が活発になっている。自然の機能を活用した防災・減災というと、森林が洪水や土砂流出を抑えることができるため、自然や植物の物理的な防護力が直感的に想像される。しかし、グリーンインフラの自然の機能を活かすという考え方はそれだけではない。初めに示した定義「自然が持つ多様な機能を賢く活用する」においては、生態系の特徴に応じた土地利用の推進、すなわち災害リスクの大きさに応じた土地の使い方を進めるということも重視されている。昨今、想定外と呼ばれる災害が増えていく中で、防潮堤などの施設によって災害から守るだけでなく、土地の特性を理解して災害から避けるという観点も重要となっている。つまり、グリーンインフラの自然の機能を活かすという意味には、生態系の特徴を踏まえた土地利用を推進するといった考え方や計画も含まれているのだ。それでは、どういった背景からグリーンインフラが期待され、今まさに国内外でグリーンインフラによる新しいまちづくりが進められているか見てみたい。

2　日本において期待される背景

この数年の間に、日本においてもグリーンインフラという言葉は、土木、建築、環境、経済の様々な専門分野の会合や雑誌記事で急速に広がり、国や地方自治体の計画にも多数取り上げられており、とても活発にグリーンインフラの展開に向けた前向きな議論が進んでいる。それではなぜ、日本においてグリーンインフラという考え方が関心を持たれているのだろうか。グリーンインフラに関する様々な会合での議論を踏まえると、その答えは「日本のさまざまな社会課題解決のブレイクスルーになる」と期待されているからである。つまり、日本における大きな社会課題として、人口減少・少子高齢化、地域経済の停滞・格差の拡大、災害リスクの高まり、地球・地域環境問題の深刻化が挙げられるが、グリーンインフラがどのような理由で日本のこれらの社会課題に対する解決策になるのか考えてみたい。

まず、人口減少・少子高齢化は、これから日本の社会構造を一番大きく変化させる要因であるとともに、様々な地域の社会課題をもたらすことが予測されている。昨今、人口減少・高齢化の問題が一般的にも注目され少子化対策も進んでいるようにも見えるが、最新の推計でも年間出生数は過去最低を更新し続け、人口が減少する傾向は変わっておらず、着実に人口減少・高齢化は進行している。そして、既に地方では顕在化しているが、人口が減少することで、空き家・空き地や耕作放棄地、放棄森林などの低未利用地が数多く発生することになる。地域に広がる膨大な低未利用地の出現は、地域の社会経済活動をおこなうための機会損失であり、管理水準の低下した土地は災害リスクの増加や景観の悪化など様々な負の影響をもたらす。しかしながら、過去の人口増加によって開発需要が高かった時代にはできなかった土地利用を取り入れる機会であり、今までにない新たな余剰空間をどのように活用するかがどこの地域でも重要な論点となっている。

さらに、多くの地域においては、人口増加に合わせて整備してきた地域の道路や橋、防災施設などのインフラの維持更新に掛かるコストも大きな課題である。地域の人口減少によって、当然のことながら税金を納める人数が減り、地域の税収が小さくなる。さらに、近年では国内の経済構造の変化から、地方における経済力が低下しつつある。その結果、過去に大規模な人口を想定して計画されたインフラの維持更新に掛かるコストを賄えなくなると予測されている。このため、将来的な人口減少によるインフラの利用状況を見据えながら、維持管理コストの小さいインフラの整備や、手のかからない維持管理手法が求められている。

また、低未利用地や経済的なコストの問題だけでなく、地域の大きな社会課題として災害リスクの増大も懸念される。私たちの普段の生活において地球温暖化や気候変動を実感する機会は増えている。実際に、２０１８年は西日本を中心として頻繁に豪雨災害が発生し、酷暑が続くなど、生活の中で自然災害からの身の危険を感じる機会が多かったのではないだろうか。さらに、統計的なデータを１００年スパンで見ると気温上昇は進んでおり、また集中豪雨などの極端な気象の増加傾向は明らかである。そして、将来の気候変動に伴うリスクは様々なものがあるが、特に日本では極端な降雨の発生頻度が増加すると言われており、経済的なコストも考慮しながら、いかにして既存の防災対策の想定を超える規模の降雨に対応していくのかが防災上の大きな課題となっている。

一方で、最近の日本の環境問題の変化も理解しておく必要がある。日本の地域の環境問題としては、地球温暖化と共に生態系の保全や生物多様性の劣化といった自然環境のテーマがグリーンインフラと直接的に関わってくる。近年の人口減少が始まる２０００年代までは、日本の自然環境問題と言えば、道路や住宅地、工場、農地、ゴルフ場などへの開発による自然破壊、森林伐採が中心であり、全国各地において開発と保護の対立が起こっていた。しかしながら、近年の自然環境の問題としては、一部において過去から続く開発に対する自然破壊も残るものの、大部分の地域では、耕作放棄地の増加や人工林の放棄など、農地や里山を使わないことによる生態系の質の低下の方が、遥かに大きな問題を引き起こしている。このため、国内の自然環境の問題としてみると、自然環境を開発から守るといった観点だけでなく、生態系の質の低下を止めるために、適切な利用を進めることも求められている。

さらに、国際的にも自然環境を単純に保護するだけでなく、自然環境と社会課題を結びつけた議論が活発にされるようになり、気候変動や生物多様性に関する環境分野の国際条約だけでなく、国連防災世界会議やＧ７サミットにおいても経済・社会問題と環境問題において同時に解決を図っていくアプローチが注目されつつある。そして、昨年来、大きな注目を集めている持続可能な開発目標（SDGs）では、同時に17の様々な社会課題に関する目標が示されているが、中心的な社会課題として4つの環境問題に関わるテーマも掲げられており、様々な社会課題と包括的に捉えて取組を進めることが国際社会においても明確に共有されている。

これまで述べてきた通り、人口減少社会だからこそ生まれる余剰空間の利活用や、インフラの維持管理コストの抑制、気候変動の深刻化に伴う災害リスクへの対応、管理水準の低下による地域環境の改善、社会課題解決の複合的アプローチを求める社会状況において、グリーンインフラは極めて有効で現実的な解決策であると期待されている。余剰空間の活用という観点では、緑地を活かした街づくりや、広大な空間を確保した防災施設の整備など、過去の開発圧の高い時代に実現が難しかったことができる可能性がある。しかも、森林や農地、緑地は、人工構造物と比べると特定の機能としては劣ることが多いが、広大な空間を活用することができればコストを抑えた整備や維持管理が可能となることもある。さらに、気候変動の進行とともに、これまでの想定規模を超えた災害が増加しつつあり、既存の計画規模以上の災害時における対応が必要になっている。その際、これまでの人工構造物の強化を図ることも重要であるが、より費用対効果を考えるとインフラのさらなる整備だけでなく、災害リスクを避けるためにグリーンインフラとして生態系の特徴に応じた土地利用も推進する必要がある。そして、ＳＤＧｓをはじめとした複合的課題の同時解決に向けたアプローチに関しては、グリーンインフラによって本来期待される様々な公益的機能の役割は極めて大きいと期待される。こういったグリーンインフラの特徴に関しては、日本学術会議においても生態系インフラと人工構造物のインフラとの比較を通じて同様に整理をしている「日本学術会議２０１４」。それによると、グリーンインフラと人工構造物のインフラにはそれぞれ長所短所があり、どちらが優れているという議論をするものではない。特に、近年のグリーンインフラに関する議論が様々なところでなされているが、いずれもグリーンと人工構造物をしっかりと組み合わせてハイブリッドインフラとして考えていくべきであると指摘されている。そして、この両者の特徴をうまく組み合わせることで、環境、経済、防災といった様々な機能の効果が生まれ、それらが持続性を担保された形で維持されるインフラ、土地利用が実現すると期待されている。

3　諸外国における取組と動向

グリーンインフラは国内よりもむしろ海外において先行しており、諸外国におけるグリーンインフラの取組を見ておく必要がある。既に世界中の主要な都市計画や街づくりにおいて「green infrastruc-ture（グリーンインフラストラクチャー）」は欠かすことのできないキーワードになっている。日本で紹介される海外のグリーンインフラの事例の中では、米国のポートランド（Portland）の事例が最も有名である。ポートランドでは、雨水を集める下水道と汚水処理をする下水道が一体であったため、大雨が降ると家庭や工場からの汚水が混じった越流水によって、都市洪水や河川の水質悪化を引き起こしていた。この水質悪化を改善するために、一般的な雨水管理の対策であれば一時的に雨水を蓄える大規模な遊水池や地下空間に貯留槽を整備するが、ポートランド市では道路際にある植生帯において小規模な雨水浸透や貯留施設を多数導入するという対策を取っている（図3、図4）。ポートランドの町中にある雨水浸透・貯留機能を持った植生帯は、道路側から雨水を引き込むための切れ目があり、植生帯の地面には雨水の浄化や貯留が可能な土壌で構成され、それ自体が小さく雨水貯留・浄化施設となっている。そして、一般的に導入されやすい大規模な人工構造物の整備だけではなく、この小さく多様な機能を持った植生帯を数多く配置し、それぞれをネットワーク化することで分散型の雨水管理システムを構築している。その結果、雨水管理施設を設置するだけでなく、雨水管理の仕組みの中に自然や緑地を組み込むことに成功している。その結果、緑地が地域の防災・減災機能を高めるとともに、地域の景観向上や自然環境の確保を通じて都市全体のブランド価値を高め、地価の向

図3　ポートランドの雨水貯留施設
（写真：高橋 栞）

図4 雨水貯留施設の雨水引込口（写真：高橋 栞）

上や地域の経済的な活性化にも貢献していると言われている。

　ポートランドの事例に関する様々な調査研究や報告を踏まえると、グリーンインフラとしての機能がうまくいかされた理由としては、地目横断的な計画や官民連携による実施が重要であった。市内の雨水浸透機能のある植生帯や屋上緑化は、市の行政計画に基づいて配置され、それぞれがネットワークで繋がっており、全体として雨水の流出ピークを抑制している。さらに、雨水浸透機能のある植生帯は、道路の路側帯などの公共空間だけでなく、個人の庭や商業施設の街路樹、屋上緑化等の民間の土地においても導入が図られている（図5）。グリーンインフラのメリットを市民に理解してもらうイベントが積極的に進められ、またアートと組み合わせるなど集客にも繋げ、市民や民間企業が取り組むインセンティブをつくっている（図6）。それらの一連の取組の結果として、徐々に市内全体として景観の向上、市民の交流機会が進み、市外からの訪問者や観光客の増加が起こり、経済的な効果も現れることで活動の持続性が高まっている。つまり、緑地の雨水管理を中心に地目横断的な土地利用がなされ、公共と民間の連携が進むことで、市内外の交流機会が増加し、経済的な効果を確保することができるため、新たな活動の広がりが起こってくるという、正のフィードバックが生まれる。すなわち、グリーンイン

図5 雨水貯留できる屋上緑化（写真：高橋 琹）

図6　路側帯の植生と一体となった雨水貯留スペース　（写真：高橋 琹）

フラは一つの主体や単一の空間だけでなく、実施主体も土地利用も横断的に進めることが重要であるということが示唆される。

このように単なる緑地や自然環境を守るのではなく、それらを地域社会全体で活用することで様々な付加価値の形成を促し、防災・減災、経済振興などの様々な地域社会・経済に貢献するグリーンインフラは、ポートランドだけでなく世界の主要な都市において様々なパターンで導入されている。例えば、ロンドン（London）においては都市計画の中にグリーンインフラに関する考え方が位置付けられ、ロンドンオリンピックの跡地利用においてレクリエーションや防災・減災機能を備えた緑地整備が行われ、周辺地域の活性化につなげている。また、ドイツでは、エムシャーパークとしてよく知られているが、炭鉱や重工業が衰退した地域の再生が実現したルール地方は、工場跡等を産業遺産とともに緑地ネットワークを整備することで観光・レクリエーションの場としての価値を高めている。さらに、パリ（Paris）においても行政計画にグリーンインフラの考え方が盛り込まれ、グリーンインフラとして機能性の高い緑地を整備している。パリ市内で散在していた鉄道の廃線跡は違法なゴミ捨て場や犯罪の温床となる利用されにくい空間であったが、周辺地域の景観と合わせてレクリエーションの機能を高めつつ、また線路の基盤を残すことで非常時の避難路として利用可能な公園として、市内全体でのネットワーク性の確保に向けた再整備を進めている。一方で、米国ではポートランドと同様に雨水管理施設としての植生帯の導入が様々な地域で進められており、ニューヨーク（New York）でも積極的に展開されつつある。ニューヨーク市でもグリーンインフラを推進する行政計画（NYグリーンインフラ戦略）が定められ、市内の緑地の機能や管理状況をネット上で把握できる仕組みを構築することで市民参加を促しながら雨水浸透機能を持った植生帯の整備が進められている。また、ハリケーン・サンディの復興戦略において、生態系の基盤を活かした土地利用を進めるアプローチが求められている。これらの都市のグリーンインフラにおける動きを概観すると、前述した定義の特徴通りに欧州は緑地のネットワーク性を重視しながら、地域再生の手法としてグリーンインフラを取り入れる事例が多く、米国では水災害の対策として雨水管理施設の展開や災害に対する土地利用を進める動きが目立つ。しなしながら、各地域におけるグリーンインフラの最近の取組では、グリーンインフラという共通の言葉で様々な国際会議で共有され、欧米それぞれの特徴が参考にされながら、地域の自然的、社会的な特性に応じて非常に多岐にわたるパターンで、中国や、韓国、シンガポールさらには開発途上国など、世界各国でグリーンインフラの取組が広がっている。

４　我が国の動向と今後の展開

海外においてグリーンインフラの議論は先行しているが、日本でもグリーンインフラに対する社会的関心が急速に高まり、各地で新しい取組を進める動きが起こっている。日本におけるグリーンインフラの議論は２０１２年頃から始まっていたが、２０１５年に国土交通省の行政計画である社会資本重点整備計画や国土利用計画、国土形成計画に位置づけられたことが大きな契機となった。その後、関係省庁の様々な政府計画や文書においてグリーンインフラの推進が示され、２０１８年には環境省の第5次環境基本計画にも同様の概念であるEco-DRR（生態系を活用した防災・減災）も含めてグリーンインフラの推進が謳われている。さらに、地方自治体の行政計画においても、生物多様性地域戦略やみどりの基本計画など、いわゆる環境分野の計画だけでなく、防災分野や土地利用に関する計画においてもグリーンインフラの考え方が取り入られつつある。未だグリーンインフラと冠する事業や空間整備まではほとんど実現に至っていないが、自然の機能を活用することで地域づくりを進めていくことに関する共通理解は深まってきた。

実際、この環境を守るではなく、活かすという点は環境分野においても「新しい考え方」として徐々に主流化している。一般的に環境保全の話なると、文字通り、自然環境の劣化や損失といった人間活動のマイナスを取り戻す活動がイメージされる。二酸化炭素など環境に及ぼす負荷を下げようとか、植林など損なわれた自然環境に取り戻そうとするなど、人間の活動で生じてしまったマイナスをどれだけ小さくするかという話になりがちである。一方で、地域においてグリーンインフラを進める際には、どのように環境の価値を引き出すかという点に注目し、自然環境の持つ多様な価値、すなわち環境のプラスの側面に議論が及びやすい。このため、グリーンインフラというテーマでの議論は、環境の持つ価値を再発見し、それらの価値を高める取組を生み出すことになり、環境分野だけでなく様々な分野との新たな協働の機会をもたらしやすいかもしれない。実際、グリーンインフラという考え方は、環境分野の議論にとどまらず、既に自然環境と社会経済をつなぐキーワードになっており、分野横断的な取組の推進に向けた原動力と期待されている。これまでの環境活動はもとより、地域の様々な活動は、それぞれの分野ごとに取り組まれることが多く、なかなか一体的な大きな効果が発揮されにくいことも多かった。つまり、環境保全は、環境に関わる団体がおこない、経済振興は、企業などの経済主体でおこない、防災は行政などが中心でおこなうなど、分野の縦割りによって効率的に取り組まれることが普通である。しかし、様々な空間や取組が複雑に絡み合う地域課題の解決においては、横断的なテーマによって様々な取組を融合させて相乗効果を図ることが求められている。そういった中でグリーンインフラの「環境価値を活かす」という視点は、環境、地方活性化、防災・減災の各分野においても共通して受け入れられる余地があるのではないだろうか。そして、グリーンインフラの展開を通じて、自然を活用する起点となり地域の新しい機会を導き出して、地域社会に新しい価値創出が生まれるきっかけになると期待されている。

一方で、グリーンインフラの実践的な導入が図られる段階において、様々な課題も明確になりつつある。最も頻繁に指摘される課題としては、グリーンインフラの特徴である自然の機能の不確実性である。つまり、森林や農地に防災機能があるとしても、自然の機能は人工構造物に比べてゆらぎが大きく定量的な計画を立てることが難しいため、既存の公共事業などには組み込みにくいと指摘される。また、グリーンインフラの推進に重要な地目横断的な計画や多様な主体の連携に関しても、これまでの効率性を高めた既存の実施主体の仕組みとかみ合わないことも多い。さらに、米国の雨水管理の手法のような自然の機能を活かした施工方法や収益事業についても知見や経験の蓄積が少なく、すぐに地域において導入することは難しいといった声もよく聞かれる。

しかしながら、これらのグリーンインフラの課題解決に向けて、政府や企業も研究開発費を積極的に付け、多様な分野の研究者や実務家が共同して研究開発や実証事業を進めており、近い将来には多くの課題は解決される可能性がある。特に、グリーンインフラの効果の不確実性や定量的把握の困難さに関しては、土木的な手法はもとより経済的な評価、生態的な評価など様々な分野で取組が進んでおり、さらに近年の発達したIoTやビックデータとの融合も進みつつあり、これらの分野の知見蓄積は確実に進んでいる。そして、グリーンインフラと人工構造物に期待される機能や特徴もわかりやすく整理されつつあり、グリーンインフラと人工構造物を適切に組み合わせるハイブリッドインフラという考え方も注目が集まっている。また、個別の分野間の連携に関しても研究プロジェクトや実証実験において、様々な専門家が関わる機会が急速に広がり、グリーンインフラに関わる分野間の連携は進みつつある。また、近年では地域マネジメントや緑地管理においても官民連携を促す法制度が改正されることで公共と民間の連携が進んでいる。さらには、ＥＳＧ投資などの新たな資金を確保できる仕組みも本格的に運用されつつある。従って、現段階ではグリーンインフラと名前がついた取組や事業はそれほど多くは実現していないが、様々な研究開発や試行的な取組が急速に進んでいる状況にある。少なくとも、グリーンインフラという共通言語ができて、自然の機能を活用することの重要性は様々な分野で間違いなく共有されつつある。今後、グリーンインフラがさらに様々な分野の技術や知見を繋げる機会となることで、地域の持続可能な発展をもたらすブレイクスルーとなると期待される。

引用文献

EC (2013) EU Green Infrastructure Strategy, Communication from the Commission

EPA(2011)Evaluation of Urban Soils: Suitability for Green Infrastructure or Urban Agriculture

グリーンインフラ研究会（2017）「グリーンインフラとは」グリーンインフラ研究会・三菱ＵＦＪリサーチ＆コンサルティング・日経コンストラクション編『決定版！グリーンインフラ』日経ＢＰ社

日本学術会議（2014）復興・国土強靭化における生態系インフラストラクチャー活用のすすめ , http://www.scj.go.jp/ja/info/kohyo/pdf/kohyo-22-t199-2.pdf　2018年12月31日最終確認

第2章　グリーンインフラを核にしたLivable City（住みやすい都市）の創成

福岡　孝則（東京農業大学）

1　はじめに

ランドスケープアーキテクトは都市の中で「地」の部分の計画設計を専門とする職業である。建物や道路以外のすべて、公園、広場、緑地、農地等のオープンスペースは、これまで成長する都市の開発を抑制し、良好な都市緑地の骨格を形成するために戦略的に計画配置され、整備されてきた。世界には人口が急増し成長を続ける都市もあるが、人口減少と縮退化が進む日本では、既存の社会・環境資源を創造的に活かした都市・地域の再生が求められている。都市の成熟化の流れの中で、オープンスペースから都市を考えることが重要になってきている。具体的には都市内の自然や余白をうまく使って、散歩したり、運動したり、人と出会ったりするオープンスペースの機能と魅力を高め、生活の質を高めるための戦略を展開することである（福岡編 2015）。

2　Public Open Space（屋外公共空間）から Livable City（住みやすい都市）を考える

Livable City（リバブルシティ：住みやすい都市）というのは、都市を経済成長、利便性や競争力だけで捉えるのではなく、その都市が持っている「文化・社会」「健康」「環境」などのさまざまな要素と、その中でライフスタイルを選択しながら、「住み続けることができる」のかを考えるためのコンセプトである（福岡ほか2017）（図1）。１９９０年代から北米やヨーロッパでは、都心居住を促進する住宅政策転換の影響もあり、郊外から都心部に人口が流入した。郊外で庭付きの戸建て住宅に住み1時間ほどかけて車で通勤する暮らしから、都心部でコンパクトに暮らす流れの中で、必要になるのは庭の代わりとなる都市のオープンスペースである。都心部の工場跡地や道路・駐車場を公園に変え、荒廃した公園や広場の再生を通じて都心部のパブリックスペースの拡充や、暮らしやすさや質を高めることが、Livable City をつくるためのドライバーになっていく。

世界では都市間競争が加熱する中で多くの都市ランキングが存在するが、ここでは主に Livable City Ranking（住みやすい都市ランキング）の指標について触れる。既にコンパクトな日本の都市は世界と比較しても住みやすさが高いと考えるからである。住みやすさランキングには二つベクトルがある。一つは、都市戦略として、都市のブランド力を対外的にアピールするための Livable City という考え方でもう一つ

図1　Livable City の指標（著者作成）

は、住み手、生活者の視点から考えるLivable Cityである。例えば、Monocle社のQuality of Lifeランキングは、生活の質や、そこに暮らす人、訪れる人の視点から構成されており、公共交通のネットワークや都市空間の質、ナイトライフ、レストラン、本屋の数などが指標として選ばれている。オープンスペースや河川などのネットワークも都市の骨格として象徴的に地図で示されている。

オープンスペースを通じてLivable Cityの質はどのように高められるのだろうか？　Livable Cityを考える上で、都市公園、水辺、集合住宅の中庭、公開空地、歩行者空間、屋上緑地まであらゆる形のオープンスペースが重要になってくる。米国ニューヨーク市のブルームバーグ市政下（2002～2013）では都市のオープンスペースを重点的に再整備し、都市生活の質を高めることに成功している。ブロードウェイでは道路の半分を暫定的に広場・歩行者空間化し、社会実験を通じて検証した結果、広場の本設化が決まった。道路から街路的広場へ戦略的に都市のオープンスペースを創出する取り組みは世界中で進んでいる。ハイラインは、取り壊しの決定していた高架貨物線跡の保全再生に取り組んだ市民２人の活動が世界的な空中公園の創出につながった都市公園の事例で、年間４００～６００万人が訪れる場所になっている。空中を散歩するという非常にシンプルな体験が生活者にとっても観光客にとっても価値のある体験であることを示唆している。その他、ニューヨークでは、駐車場跡が再開発される前に、３年間だけ暫定的広場として利活用する事例や、縦列駐車の空間に、パークレットという暫定的な滞留空間を設え運営する試みなども進む。このように、現在都市の中にある公園やオープンスペースを守ることも大事だが、駐車場やこれから空く土地、機能を転換する土地、未利用地などをどう考えるかという視点が重要になる。

Livable Cityを考えるときに、健康的な都市、安全・安心な都市、文化的・社会的な都市、歴史がある都市など多様な指標の中で、この都市にとって何が重要な資源なのか、独創性があるのは何かを真剣に考えた上で戦略を立てていく必要がある。グリーンインフラは、Livable Cityを支えるための基盤のようなものだ。みどりや水などの自然の力を活かした屋外空間を育て、住みやすい都市をつくるためのグリーンインフラとは何なのか？　を二つの視点からまとめる。一つ目は、みどりの機能と質を高めるということ。二つ目は、みどりの場所をどのように共有し、みんなで育てていくかについて述べる。

3　みどりの質と機能を高める

現在、世界的な水災害リスクの増大、気候変動に伴う局地的な豪雨の発生も大きな社会的課題である。世界に目をむけると、渇水に悩む地域、洪水に脅かされる地域、水質汚染に苦しむ地域など、水に関しても多くの課題があげられている。日本では近年都市域では激甚化する雨による内水氾濫も大きな課題となっている。

私たちの生活は、降った雨をできるだけ迅速に下流に流すグレーインフラに支えられている。しかしながら、今後気候変動に伴う降雨の激甚化にともなって都市の基盤であるインフラの強靭化をどのようにはかるかが問われている。一方で、老朽化がインフラの更新問題も重くのしかかる。都市型洪水リスク、特に内水氾濫の増大。それから、ヒートアイランド化現象も、グリーンインフラを考える上で背景となる大きな社会課題である。既存の都市がもつグレーインフラに変わる新しい概念として、気候変動適応策としても注目が

図2　グリーンインフラ 対象空間（著者作成）

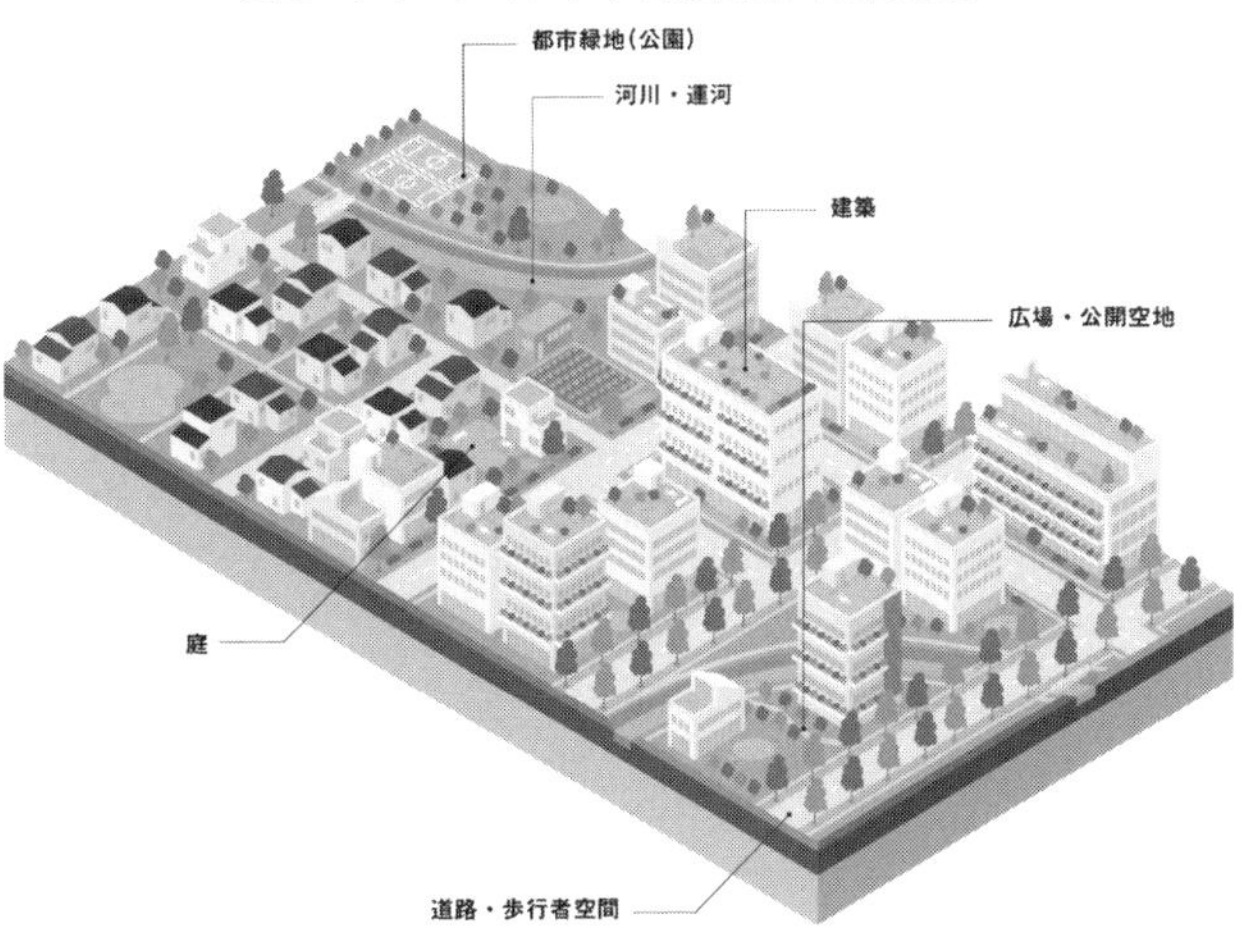

集まっているのがグリーンインフラである（グリーンインフラ研究会ほか2017）。グリーンインフラとは「自然の力や仕組みを活用しながら社会基盤の整備や国土管理をする考え方」だが、ここではもう少し絞り込んで「自然の水循環プロセスを模倣した持続的雨水管理を建築（都市緑化）、都市緑地、道路・歩行者空間、屋外空間、河川等の多様な形態をもつ屋外空間と掛け合わせることで、多機能・多便益を引き出す考え方」と位置づけたい（図2）。

都市や地域が抱える社会課題は様々で、グリーンインフラは何かという議論と定義づけを都市や地域の課題に合わせて設定する必要がある。加えて、グリーンインフラの議論が敷地・街区・都市スケールで空間像をともないながら議論されることが重要である。

4　都市スケールで展開されるポートランドのグリーンインフラ

ポートランドは、全米一住みやすい都市としても知られるが、グリーンインフラ先進都市としても知られている。町中に500以上のグリーンストリートがあり、小さな取り組みが都市の中で広がっている。ここでは徒歩や自転車で通勤者も多く、よりエコロジカルな生活を求める人たちが暮らす。

ポートランド市のグリーンインフラの特徴は、持続的雨水管理をうまく都市環境にかけあわせ、雨が地上に降ってから下流に流出するまでの間のプロセスをデザインしている点である。例えば雨水活用や屋上緑地・雨庭の創出、緑の駐車場や街路において雨水の一時貯留や浸透を促進するなど、多様な手法がある。例えば、「グリーンストリート」は、道路と歩行者空間の再整備の中で街路樹の植栽帯を80㎝～1ｍほど掘り込み道路と歩行者空間の雨水をプランター内に一時的に貯留浸透させ、オーバーフローだけが下水道に流れるという仕組みである（写真1）。市内では５００箇所以上で整備が完了した。また、「みどりの駐車場」では、駐車場内のアスファルトを切って透水菅やみどりの側溝を活用して駐車場内の雨水をマネジメントしている。

ポートランド市初期のグリーンインフラプロジェクトでは、屋上の雨水を雨樋から外すことをアートとして推進した「縦樋非接続」など小さい助成金やプログラムで楽しくグリーンインフラを啓蒙・推進するような工夫をしてきた。また、公園などのオープンスペースにおいても公園内の雨水排水は、全て緑のお椀のような植栽された地形の中に一時的に貯留浸透させ、オーバーフローを下流に流す仕組みとなっている（写真2）。公園緑地をモデルケースとして持続的雨水管理を見える形で推進しているのが特徴である。

雨が降ってから、下水道・河川等に水が流出するまでのプロセスの中で、縦樋非接続、雨水利用、雨庭、雨水プランター、緑溝、グリーンストリート、緑の駐車場、街路樹、透水性舗装、屋上緑化などのグリーンインフラ要素技術や手法を組み合わせることで、水をより効果的にマネジメントし、流出する量を減らし、流出するタイミングをずらすことが可能になる。このように、グリーンインフラは流域対策として日本にも適用可能であり、世田谷区で２０１８年に策定された「豪雨対策行動計画」ではグリーンインフラ を流域対策として位置付けている（世田谷区2018）。敷地スケールで雨庭のような個別のプロジェクトをつくることも大切だが、こうしたグリーンインフラの取り組みが連関しながら一つの環境システムとして機能することが重要である。

次に、ポートランド市の30年間のグリーンインフラの取り組みをタイムライン

写真１　グリーンストリート（City of Portland）

写真２　公園内に設えられた雨水の一時貯留浸透池

沿って説明する。同市では、１９８９年に合流式の下水道の内水氾濫による被害が多発した。洪水による地下室の浸水などに対してポートランド市への訴訟が起きた。そうした流れの中で、小さな屋上緑化や駐車場改修などの小さなグリーンインフラ整備をポートランド市の有志の職員が開始した。１９９９年には雨水管理マニュアルというグリーンインフラの基準となるガイドラインを発行する。ポートランド市では公園局緑地系の部局ではなく、交通局と環境局（下水道）の財源で多くのグリーンインフラが整備されてきたのが特徴といえる。車中心の交通からＬＲＴ（路面電車）などの公共交通、自転車などのモビリティに舵取りする中で、道路を再配分し路面電車を通し、自転車道路をつくり、歩道を拡幅して歩きやすいまちの再整備を展開する中で、グリーンインフラの整備を同時に推進してきた。環境保護庁のパイロットプロジェクト助成金などもこうした動向を支援するような働きをしている。

同時に、環境局ではウィラメット川の流域スケールの水管理のマネジメント構想を策定し、街区スケールではTabors to the Riverという実証実験を進めてきた。ここでは、地下の下水道の老朽化を調べた地図と地上部にグリーンインフラが導入可能なエリアを重ね合わせながら、グレーとグリーンインフラを併用しながら基盤整備の更新コストをどれだけ押さえて効果を出せるかを検証している。

２０１８年にポートランド市を訪れた際には、訴訟問題が再発していると聞いた。ポートランド市が数十年かけて整備してきたグリーンインフラへの投資が本当に適切だったかを問うものだという。ポートランドでは現在、今までのグリーンインフラの取り組みを整理・検証しつつ、展開されてきたグリーンインフラはすべてＧＩＳの地図化をしつつ、どの場所に優先的にグリーンインフラを整備するべきか戦略プランを立て直している段階である。

グリーンインフラ推進の核は環境局であり、この中で計画、設計、施工、管理の４段階に応じて、チームが編成され、交通、道路、公園などの部局にも横串をさしながらプロジェクトが展開される。米国の行政機関においても縦割りは存在するため、プロジェクトをベースに部局間に横串を指して横断的な議論と実践を展開する点は参考になる。

5　マルチスケールで展開されるグリーンインフラ事例

グリーンインフラの社会実装に向けて、マルチスケールのグリーンインフラ実践事例を紹介する。グリーンインフラの導入にあたっては達成すべき三つの便益、環境的便益、経済的便益、社会的便益の三つの視点が重要になる。環境的便益に関しては、生物多様性の向上や水循環の回復など議論や研究も進むが、経済的な便益の部分で、グリーンインフラの導入によるグレーインフラのコストの削減や不動産価値の向上など多方向から便益が検証される必要がある。加えて、グリーンインフラを媒介としたグリーンコミュニティの創成など社会関係資本力の向上や、健康・未病の促進など社会的な便益も重要な視点である。２０１８年度には、日本政策投資銀行が「都市の骨格を創りかえるグリーンインフラ研究会」を開催し報告書を刊行しており、金融業界もグリーンインフラ の動向を注視している（日本政策投資銀行 2018）。グリーンインフラの導入にあたっては、達成すべき目標や便益の議論が必要である。

日本の都市は既に完成しており、これから成熟型に移行すると言われるが、この中でどのようにグリーンインフラか適用可能なのだろうか？　グリーンインフラ適用策が展開される都市空間としては、屋上緑地、庭、道路・歩行者空間、都市緑地、河川、空地・都市農地といった場所が想定できる。

河川と公園を包括的に再デザインしたシンガポールのビシャン・パークは、河川局が管理するコンクリート三面張りの排水路のような川と、公園局が管理する都市公園と、住宅局が管理する集合住宅にエリアが分割されていた。水害にも脆弱であった河川を、氾濫原を内包する都市型河川公園として、一体的な再整備が行われた（写真3）。川幅を広げ、形状も変えて水の流量を増やすと同時に、人々が水に近づけるような生態的な護岸に改修された。日常時は子供達が水の近くで遊んだり、川沿いを散歩やジョギングして楽しむが、洪水時は水が溢れ、一つの空間が多機能を発揮するようにデザインされている。また、川の水を組み上げ浄化ビオトープを活用して水の浄化なども試みている。

グリーンインフラ導入においては、日常時や降雨後のように空間の動態を示すことも重要である。例えば、再開発や再整備の中で街区の中で屋上緑や公開空地の一部を活かしてグリーンインフラ機能を入れ込むことで、下水道への負荷を低減することも可能である。都市再整備の企画構想段階などでグリーンインフラの適用が具体的な空間像や手法をともないながら議論されることは非常に重要である。

既にインフラ更新という課題が日本より早期に顕在化している米国のフィラデルフィアやデトロイトでは、非透水面積に応じて雨水税が課される。デトロイトでは水資源局が設定したグリーンインフラの基準に満たないものは認められない。広大な土地の所有者にとっては死活問題であるため、異なるモチベーションでグリーンインフラの導入が進んでいる。日本の都市でもインフラ更新まで少し猶予期間があるものの、いずれはインフラの更新にあたり基礎自治体がグリーンインフラの導入を検討する必要が出てくるだろう。

写真３　ビシャンパークの全景（PUBSingapore）

次に、街区スケールのグリーンインフラ適用策事例としては、ドイツのScharnhauser街区が挙げられる。降雨後は街区内で降った雨水を中央の公園内の窪んだ芝生池に集められ、約24時間は遊水池の機能を果たし、一時的な雨水貯留浸透と流出速度の遅延などを実現している。このように計画的に街区スケールでグリーンインフラ空間を連関させることで、下流への負荷を低減を達成している（写真４）。

フランスのエコ街区「Bottiere-Chenaie」は、都市と農村の境界部に立地する街区スケールの再開発で、積極的にグリーンインフラを適用している。住宅の屋根で集められた雨水を街路の水みちに流し、貯留や浸透を促しながら最終的には公園内の小河川に流出する。この小河川は暗渠化されたものを新たに開渠化したもので、都市を冷やすクールスポットの創出や滞留空間などが創出され、街区全体で水の循環とみどりやオープンスペースが掛け合わされるようにデザインされているのが特徴である。

次に防災・減災の視点から特筆すべき事例について紹介する。デンマークのコペンハーゲンでは２０１０年にゲリラ豪雨による甚大な被害が引き起こされた。コペンハーゲンは、東京とも似て気候変動にともなう海面上昇や高潮、内水氾濫によるリスクが高いまちである。旧市街地は、建物が密集しており新たにオープンスペースを確保することも困難であった。コペンハーゲン市が策定したクラウドバースト・マスタープランでは、市内で最も脆弱なエリアで効果を発揮するようなグリーンインフラ施策を示している。特に取得可能な土地が限られた中心市街地部分では、道路空間の再編集による都市空間の再整備を促している。具体的には道路空間を車も自転車も人も雨水も共有する空間として再整備し、豪雨時には道路の一部が氾濫原として機能するような形となっている。このように成熟した既存の都市の中で限られた土地を賢く活かして、多機能・多便益を発揮するグリーンインフラの適用は先進的である。施策にひもづく形でプロジェクトの実装が展開されていることも特筆すべき点である。このように既存の都市空間の屋外空間において社会課題に合わせて新しい機能や質を重ね合わ

写真４　Scharnhunser 街区のグリーンインフラ
公園が遊水池として機能する（Ramboll Studio Dreiseitl）

せるように付加し、多機能を達成するためことは重要な視点である。

6　みどりの場所を共有し、育てる

次に、グリーンインフラをリバブルシティや人のつながりの視点から紹介する。

オーストラリアのメルボルン市は5年連続世界一のLivable Cityとして認定され、市内では戦略的に屋外空間、パブリックスペースを育てて、「場所」を中心にみんながつながり合える空間をつくり、まちづくりを行うことが施策として展開されている。パブリックスペースには様々な形があるが、メルボルンでは「Places for People」という施策があり、１９９４年から10年に一度、屋外公共空間の整備状況やそこで行われている活動のモニタリングや評価を行い次の施策につなげている。加えて、「Walking Plan」という歩きやすいまちづくりの施策がある。市内の中心市街地では路面電車が無料で乗車でき、歩くことと公共交通を組み合わせることで人々の滞留時間や回遊性の向上を促し、経済的な効果も出している。メルボルンでは特にストリート（街路空間）が特徴的で、まちの中でLanewayという場所のような路地が存在し、メルボルンのまちの魅力となっている。また、屋上緑地の活用も進んでおり、映画鑑賞や食事ができるような空間に改修し、ナイトエコノミーに貢献するような動きも見られる。グリーンインフラを考える上で、機能や質も重要だが、場所としての魅力や人の利活用なども重要な視点である。米国のデトロイトでは、道路と駐車場空間を夏の間だけ、銀行や保険会社がスポンサーになって、子供達がバスケットボールをできる簡易

写真５　デトロイトのサマーストリート

な遊び場に暫定利活用している（写真５）。日本の既存の都市内でグリーンインフラを展開する上で、駐車場や未利用地の暫定利活用なども社会実装の第一歩としては可能性があるのではないだろうか。

日本の事例をいくつか紹介する。都内に立地する「コートヤード HIROO」は築45年の旧厚生省官舎と駐車場跡地をリノベーションしたものである。ヨガのスタジオ、レストラン、オフィスなど、多様な人たちが交じり合う場所をつくり、民地ではあるが月に何回かは場所がパブリックに開かれる。夜のヨガやキッチンカー、子供達がアートに取り組むプログラムなどが展開される。民間の敷地であっても共有される空間の創出や魅力の向上が可能である（写真６）。

神戸の東遊園地では、利活用度の低かった公園で開始された「URBAN PICNIC」という社会実験が展開されて今年で４年目となる。公園の芝生化やカフェ、アウトドアライブラリーなどが展開され、市民が公園を育てることに参加するプログラムに発展している（写真７）。このように、グリーンインフラは「みどりの場所を共有し、育てる」ことを通じて人々の社会的な活動の基盤となる可能性も持っている。これらをグリーン・コミュニティと言い換えることもできるだろう。

7　グリーンインフラを活かした都市へ

以上のように、グリーンインフラを考える上でみどりの機能や質を高めることと、

写真６　コートヤード HIROO の屋外空間

写真７　神戸東遊園地　URBAN PICNIC

みどりの場所を共有して育てることは強く関係しており、Livable City（住みやすい都市）創成という目標に向けて相乗効果を出すことも可能だと考える。どのような都市にもグリーンインフラに資する資源は存在するが、その地域に即した形で達成すべき目標や便益が空間像をともないながら社会実装を進めることが重要である。グリーンインフラとは単に緑の空間を創出することでも水循環を回復させることでもない。成熟型都市のストックの上に重ね合わせるように自然の力を組み込み、防災・減災、心や体の健康、コミュニティの再生など社会的課題を解決し、多面的な価値を創出するためのエンジンである。そしてグリーンインフラを育むプロセスに市民が参加することで、場所と関係性をもち、活動が継続されることで都市の魅力や価値が高まることにつながるのではないだろうか（図3）。そんな、グリーンインフラを活かした都市の未来を想像している。

図３　グリーンインフラを骨格にリバブルシティをつくる（著者作成）

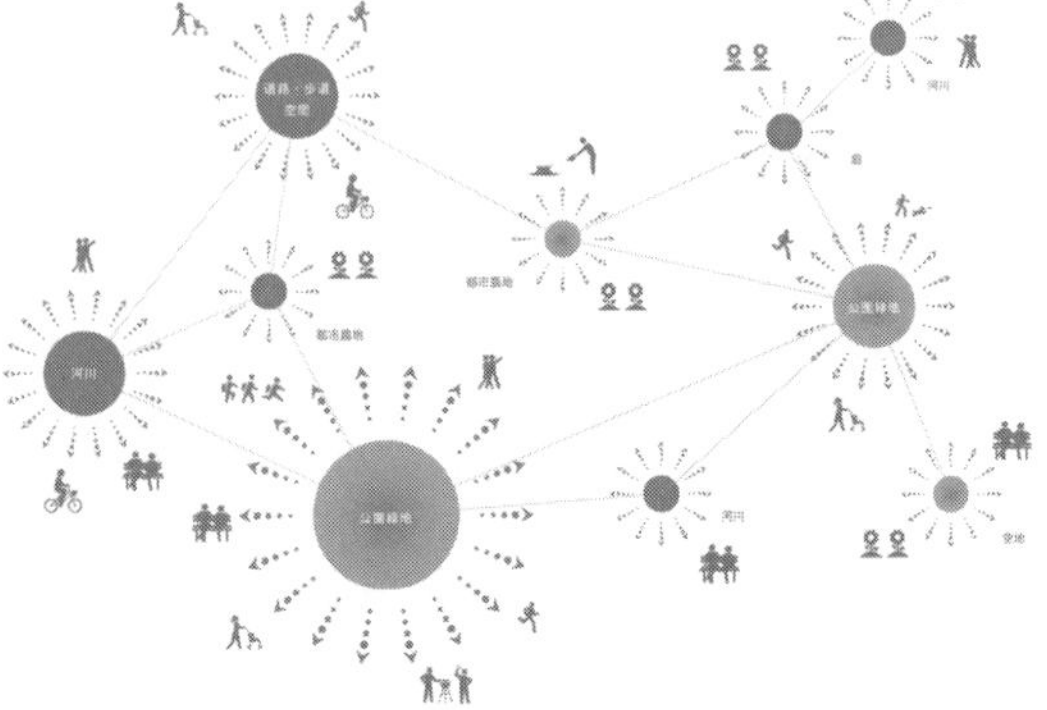

引用文献

福岡孝則編（2015）『海外で建築を仕事にする2　都市・ランドスケープ編』学芸出版社
福岡孝則・遠藤秀平・槻橋修（2017）『Livable City（住みやすい都市）をつくる』マルモ出版
グリーンインフラ 研究会・三菱ＵＦＪリサーチ＆コンサルティング・日経コンストラクション編（2017）『決定版！グリーンインフラ』日経ＢＰ社
日本政策投資銀行　都市の骨格を創りかえるグリーンインフラ 研究会報告書 https://www.dbj.jp/investigate/etc/index.htm
世田谷区豪雨対策行動計画（2018）http://www.city.setagaya.lg.jp/kurashi/104/141/559/d00137458_d/fil/137458-1.pdf

第二部
グリーンインフラから金沢の都市景観を考える

第3章　都市型グリーンインフラと持続可能性：防災・環境・経済の統合

上野 裕介（石川県立大学）

1　都市景観とグリーンインフラ

都市の景観は、その地域特有の地形や気候風土に対し、人々が長い時間をかけてどう適応し、どう快適な街づくりを目指してきたのかを、私たちに教えてくれる。世界を見渡しても、熱帯の酷暑を避けるために高所に築かれた古代都市、交通の要衝に発達した交易都市、漁業や農業の町、貧富の格差が顕著な都市など、都市によってその表情は大きく異なる。その一方で、20世紀型の都市に共通する現象として、都市化に伴ってその地に存在していた多くの自然（グリーンインフラ）が失われてきたことが挙げられる。そこで本章では、グリーンインフラの視点から、都市化とグリーンインフラの関係、そして持続可能な都市の創造に向けたグリーンインフラ活用方策（自然や生態系を活用した社会資本整備）について考える。

2　頻発する自然災害と都市のリスク

近年、各地で自然災害が頻発している。たとえば、２０１６年の春には熊本県で震度7の地震が発生し、夏には北海道の空知川が氾濫、翌２０１７年には九州北部豪雨による大規模な土砂災害が発生した。２０１８年に広域で被害をもたらした西日本豪雨災害では、西日本各地の自治体が指定する水害危険エリア（浸水想定区域）のうち、実に約80％が浸水したという事実からも、その深刻さが伝わってくる。しかし驚くべきことに、西日本豪雨災害後の聞き取り調査では、住民の多くは、自らが「水害や土砂災害の危険エリアに居住していたことを知らなかった」と回答したという報告もある。人工構造物に囲まれ、日常的な自然とのかかわりが希薄になる中で、私たちは、自然災害のリスクを正しく判断できなくなってしまっているのかもしれない。

大きな都市が成立するためには、ある程度の広い土地、すなわち多くの人口を支える住宅用地と食料生産の場が必要である。このため国土の70％を森林が占める日本では、河川の中下流域に広がる平野や扇状地などの低地が、市街地や水田として古くから利用されてきた。一方でこれらの低地は、河川氾濫に伴う洪水被害を繰り返し、地震では軟弱地盤であるために大きな揺れや液状化現象などの被害を拡大してきた場所でもある。

このような自然災害のリスクを人間の力によって克服しようとしてきたのが、有史以来、現在まで続く大規模な土木事業である。とりわけ戦後の高度経済成期には、急速な経済発展と都市人口の増加に対応するために、多くの道路や橋、堤防、ダム、埋め立てなど、全国でグレーインフラ（コンクリートなどの人工構造物）の整備が進められてきた。その結果、都市の安全度は飛躍的に向上し、かつては人が住むことがためらわれたような土地（浸水被害の危険がある土地など）であっても、多くの住宅の建設が可能になった。その結果、各地で水田から宅地や商業地への転換が進み、最近の国土交通省の統計では、国土のわずか10％である洪水氾濫の危険地域（浸水想定区域）に、日本の総人口の50％、総資産の75％が集中しているとされている。しかし今後は、これら高度経済成長期に造ったインフラが、次々と老朽化し、更新時期を迎えるようになる。国土交通省の推計では、インフラの維持管理や施設更新にかかる費用が、２０３０年ごろには現在の公共工事（インフラ投資）総額の2倍に達するとの試算もある。本格的な人口減少時代に突入し、財政も厳しくなる我が国において、はたして将来世代が莫大なインフラ費用を負担し、現在の水準を維持しつづけることができるのだろうか。将来世代にこれ以上のツケを残さないためにも、私たちは頻発する自然災害に対し、現実に即した新たな備えを講じる必要があるだろう。

３　自然災害に備え、持続可能な都市にするために

グリーンインフラとは、自然の多様な機能や仕組みを活用し、自然と調和した持続可能な豊かな社会をつくるための考え方と技術である。環境省は、２０１６年に「自然と人がよりそって災害に対応するという考え方」を公表し、災害対策として生態系がもつ機能や自然の仕組みの活用を提案した。具体的には、災害の危険のある場所には住まない（暴露の回避）、災害被害を小さくする緩衝材を設ける（脆弱性の低減）という、二つの基本的な考え方を示した。後者の「脆弱性の低減」とは、風雪害に備える防風林や屋敷林、高潮や塩害対策としての防潮林、災害時に不足する食料・燃料・建設資材の供給源としての身近な生態系の存在など、被害を最小限に留めるための準備や工夫のことである。このような生態系の活用策は、生態系を基盤とした防災・減災（Ecosystem Based Disaster Risk Reduction：Eco-DRR）と呼ばれ、発展途上国でも取り組み可能な「低コストの防災対策」として国際的にも注目されている（詳しくは第1章を参照）。

災害に備えるだけでなく、自然は私たちに様々な恵み（生態系サービス）をもたらす。国際自然保護連合（IUCN）は、自然を活用して災害に備えると同時に、平常時には自然からの恵みを積極的に活用することで、社会経済を豊かにするという考え方を提唱している。２００４年のインドネシア・スマトラ島北西部で発生したスマトラ島沖地震では、

インド洋沿岸の国々を大きな津波が襲ったものの、沿岸部にマングローブ林が残っていた地域では、木々が津波の威力を和らげるのに役立った。他方でマングローブ林には、多くの魚介類が生息し、魚類の産卵場や稚魚の生育場《ゆりかご》としての役割や薪などの燃料供給の機能がある。このため、豊かなマングローブ林を再生し、維持することは、平時には沿岸漁業や人の暮らしを支え、災害時には津波や高潮被害を防ぐ、一石二鳥の効果が期待できる。失われたマングローブ林の再生と維持は、一筋縄ではいかないかもしれないが、過去の経験を未来に活かそうとする試みが始まっている。このように自然が持っている機能や価値をうまく引き出し、私たちの社会の中で利用していくことが、自然と調和した持続可能で豊かな社会をつくる上で重要になる。

4　都市における戦略的なグリーンインフラ導入策を考える

公園や街路樹、庭木や寺社林、河川敷など、都市にも多くの緑や自然があり、生物多様性の基盤となっている。さらに近年は、地球温暖化対策や都市のヒートアイランド対策として、建物の屋上や壁面、公共空間や商業施設の周囲などを緑化する例が増えている。緑には、人の気持ちを落ち着かせたり、ストレスを緩和させたりする効果が知られており、街中の緑は、知らず知らずのうちに人々の暮らしに役立っている。そのため各地の都市で、官民問わず様々なグリーンインフラが生まれている。

世界に目を向けると、それは極端な形で現れる。たとえば、インターネット上の衛星写真でフィリピンの首都マニラを眺めてみる。マニラの人口は、約２４６５万人、人口密度は東京首都圏の3倍超にあたる約1万３６００人／km^2にのぼる。このマニラには、スラム街と呼ばれる貧困地区があり、そこでは小さな家々が密集し、緑もごくわずかである。それに対し、道一本を隔てた高級住宅街や教会が立ち並ぶ歴史的なエリアでは、道幅は広く、庭や

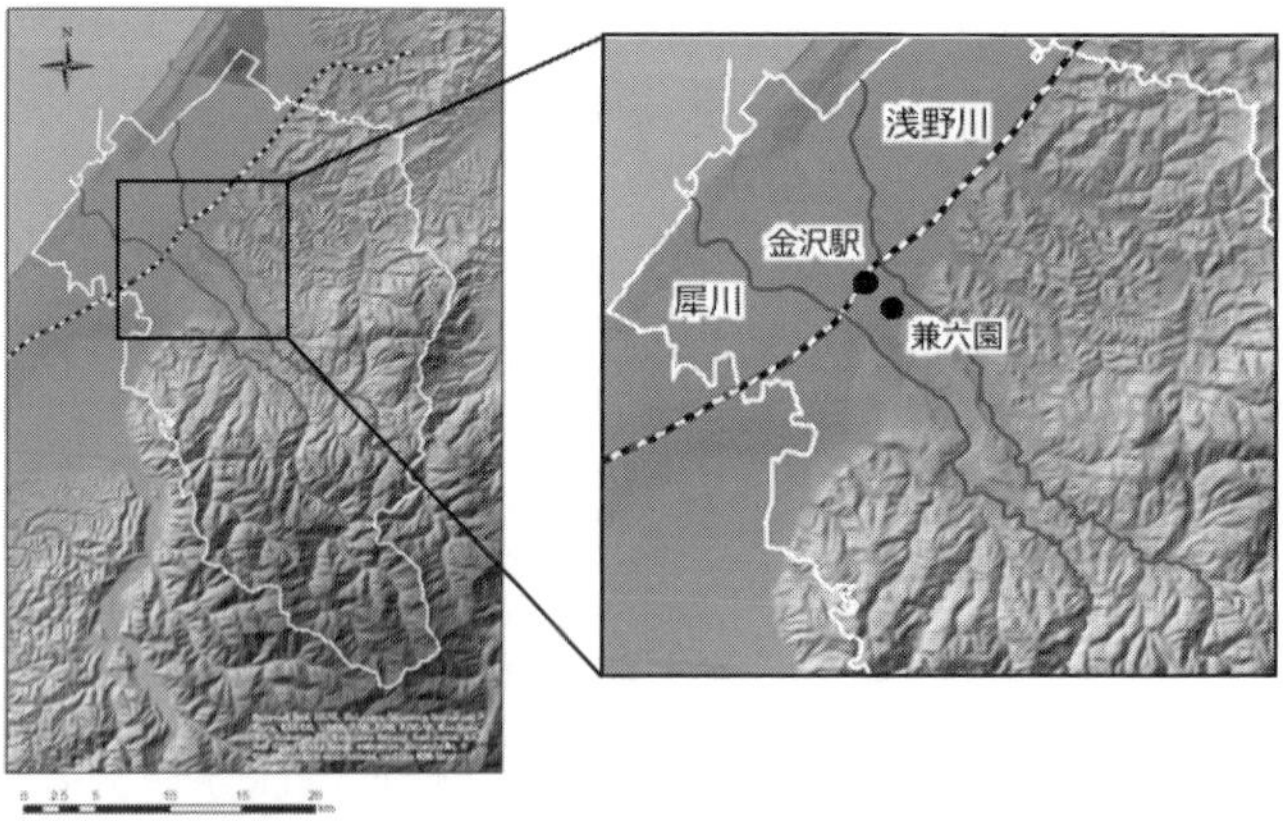

図１　金沢市の陰影起伏図

街路樹など、非常に多くの緑であふれている。この残酷な現実は、私たちがいつも目にしている都市の緑が、決して当たり前のものではなく、人々が守り受け継いできた、いわば都市の財産であり、人々の豊かさや余裕の象徴であることを示している。このように世界的な視点で考えると、日本の都市には多くの緑や自然があることに気付かされる。これらをグリーンインフラとして認識し、活用することで、より豊かな社会を築くことにつながるだろう。

　では、単純に緑が多い都市を作れば、それはグリーンインフラ都市となるのであろうか？　緑や自然といったグリーンインフラを、都市に効果的に取り込むためには、どうしたらよいのだろうか？　その答えを探すため、地方の魅力ある都市の一つである金沢市を例に、都市全体を俯瞰することで地域の課題を洗い出し、戦略的にグリーンインフラを取り入れるための方策を考える。

　金沢市は、背後にそびえる山地と、その山々に源を発する二本の特徴的な河川（犀川と浅野川）、そして両河川が刻んだ河岸段丘と台地状の地形、下流域に広がる扇状地からなる（図1）。つまり、日本の多くの都市と共通する平野と河川、それらを取り巻く山地という地形的特徴を持っている。そのため、地域の課題も日本各地と共通するものが多いと考えられる。たとえば、金沢市の平野部（低地）では、これまでに幾度も水害の被害を受けており、逆に山際の地域では、土砂崩れの被害が発生してきた。このため各行政機関は、専門家とともに浸水想定区域や土砂災害警戒区域を策定し、市民に注意を呼びかけている。

これらの災害リスクについて、より詳しくデータで見ていく。国土交通省のホームページには、全国各地の浸水想定区域や土砂災害警戒区域が掲載されている。金沢市では、台地と扇状地の境目付近に、JR北陸本線と北陸新幹線の線路が敷設されており、この線路を境に海側のエリアに浸水想定区域が広がっている（図2）。また山側のエリアには、200か所以上の土砂災害警戒区域が設定されている（図3）。過去の航空写真と見比べてみると、1950年代には線路から海側の浸水想定区域は、ほとんどが水田であり、散居村と呼ばれる点在型の住居と屋敷林があるのに対し、近年は広範囲に住宅地が広がっていることが見て取れる（図4）。この傾向は現在も続いており、浸水想定区域内に新たな住宅地や商業施設が建設されている。一方で金沢市は、金沢城や兼六園を中心とした城下町として発展してきた経緯があるため、中心部の人口密集地や事業所が多い経済活動が盛んな地域であっても、緑地が多いという特徴がある。

これらの傾向を詳細に分析するために、横軸に小学校区内の居住人数、縦軸に小学校区に占める浸水想定区域の

図2　金沢市の現況図

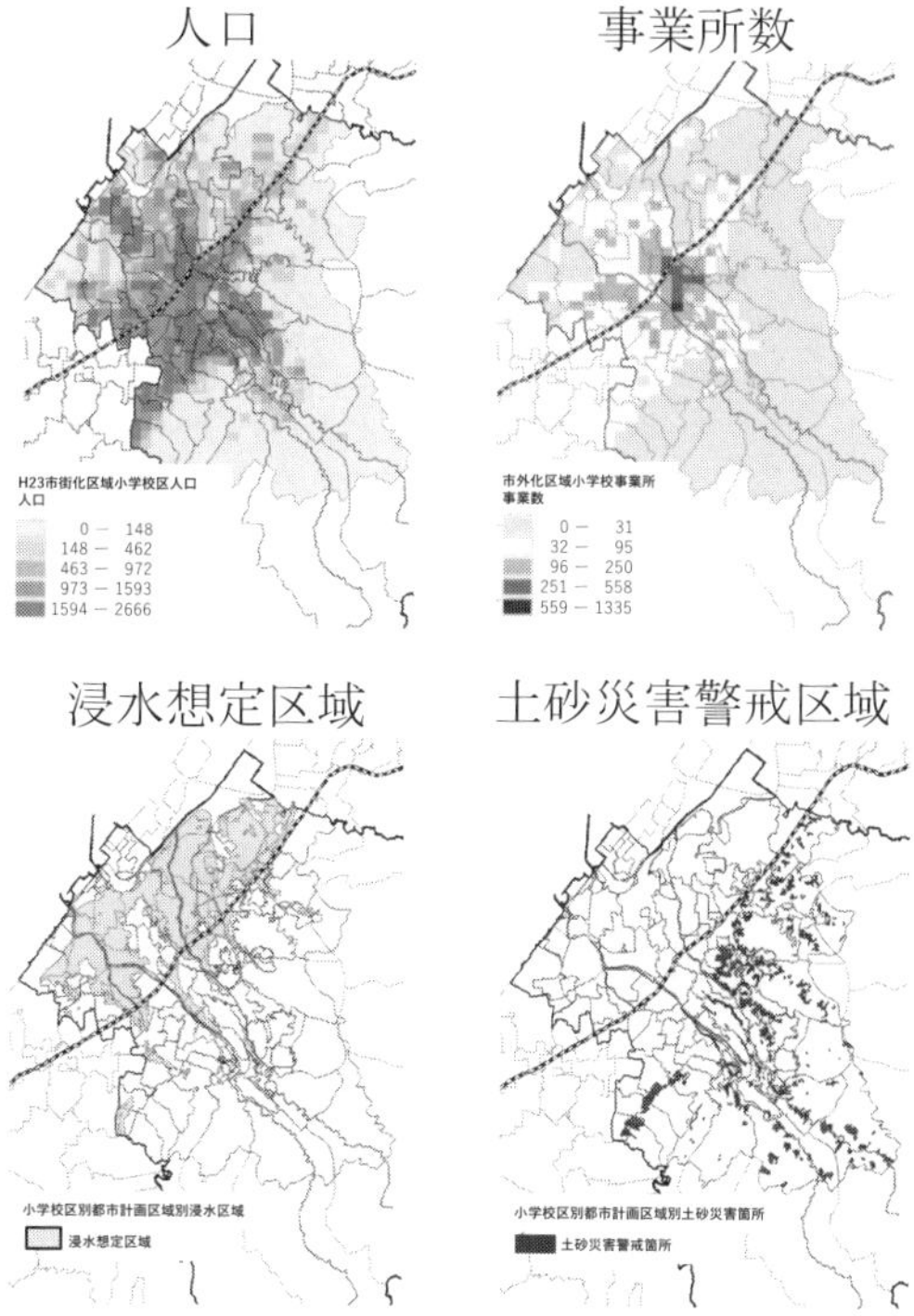

（総務省統計局の平成27年国勢調査、平成26年経済センサスのデータを基に作成）。

面積の割合（％）を取ったグラフを作成したところ、浸水や土砂災害のリスクが高いエリアであっても人口が多い小学校区が多く見られることがわかった（図４）。災害リスクを含め、都市スケールで解決すべき課題を俯瞰することで、初めて広域での効果的なグリーンインフラの導入シナリオが検討可能となる。そこで、災害リ

図３　金沢市周辺の1950年代および2010年代の航空写真

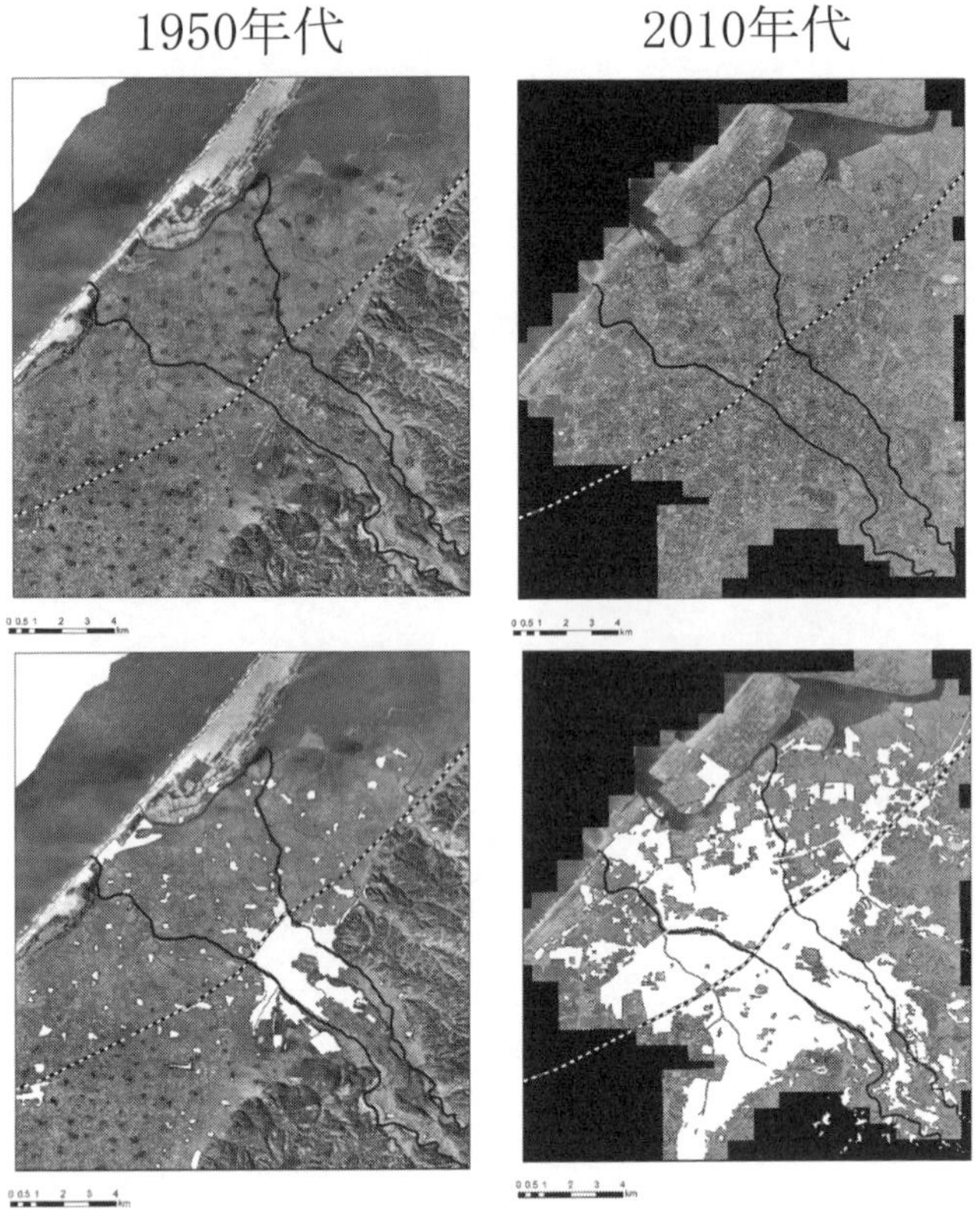

下段の２枚は、住宅地や市街地を白色に塗っている。

図４　金沢市内の小学校区ごとの人口と浸水想定区域、土砂災害警戒区域、緑地の各面積率

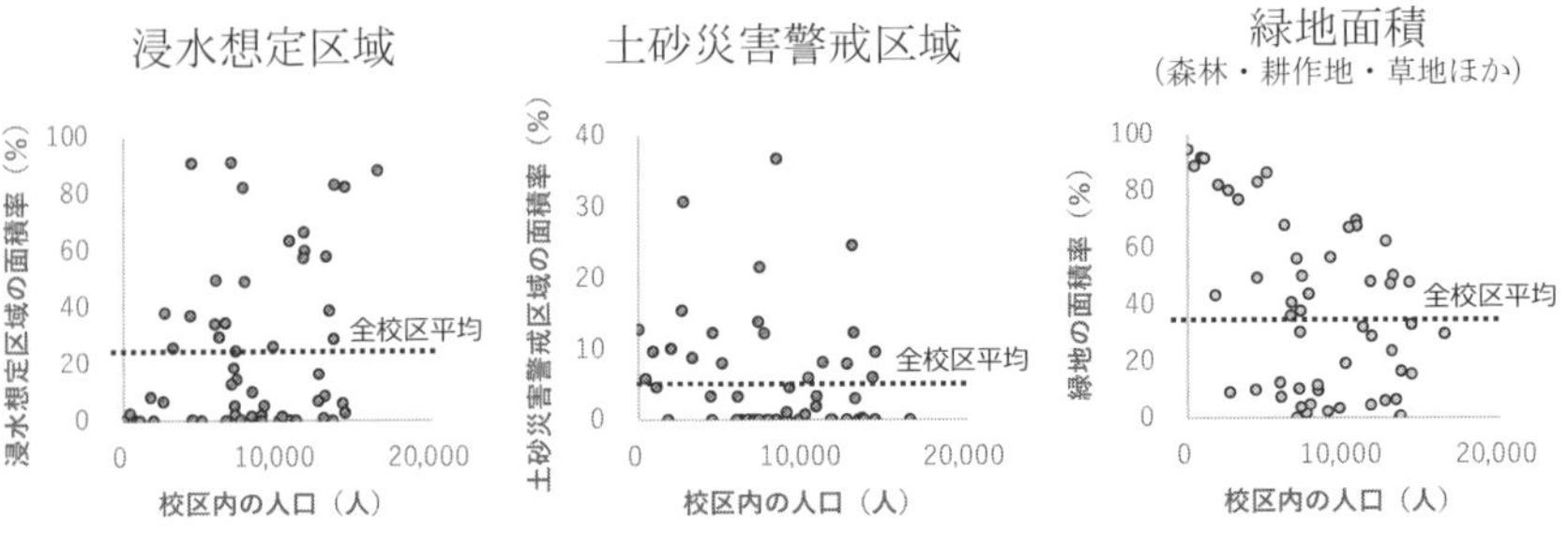

図5　災害リスクと緑地面積による
金沢市都市計画区域内のゾーニングマップ

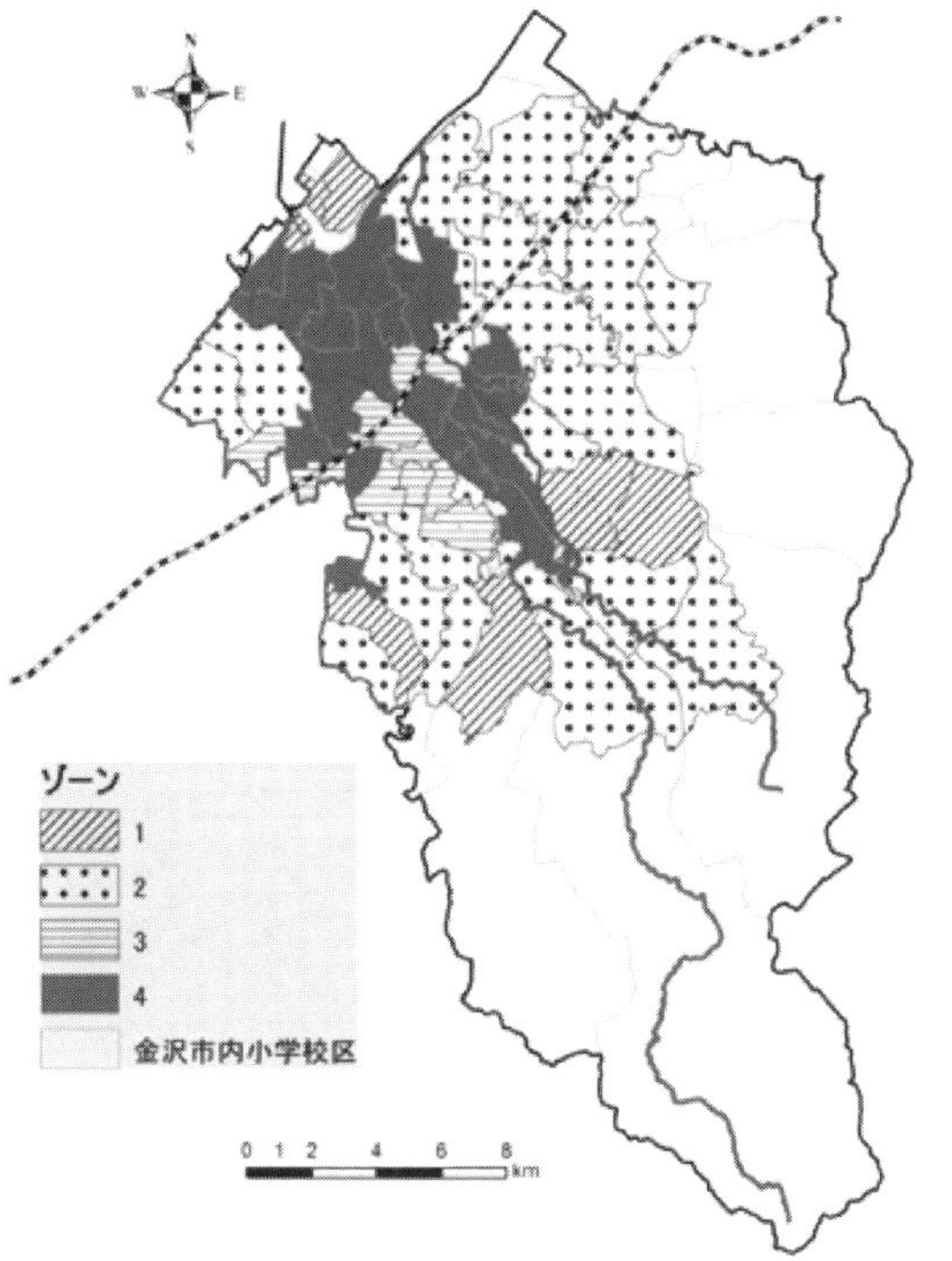

（ゾーン1：斜線表記。災害リスクが低く、緑が多い。ゾーン2：水玉表記。災害リスクが高く、緑が多い。ゾーン3：横線表記。災害リスクが低く、緑が少ない。ゾーン4：塗りつぶし表記。災害リスクが高く、緑が少ない。）

スクの高低と緑地面積の多少で、市内を四つのゾーンに分け、地図化を試みた（図5）。このように、地域の現状や課題を地図にすることで、たとえば行政計画を立てるときに、どの小学校区から優先して対策をすべきなのか、小学校区ごとにどういったグリーンインフラを導入・活用すべきなのか、従来型の人工構造物によるインフラ整備とグリーンインフラのバランスをどうするのかなど、総合的かつ戦略的に考えていくことが可能になる。

5　グリーンインフラの防災・環境・経済面での活用

我が国は、人口減少時代に突入し、将来に向けた都市再編のターニングポイントを迎えている。現在、各地の自治体で中心市街地活性化計画や立地適正化計画など、都市のあり方に関する計画の策定が進んでおり、これらの計画にグリーンインフラの理念を取り入れることで、新たな自然共生・自然活用型の都市に近づくことができる。また本章で示したような課題発見のためのプロトコル（課題の整理と地図化）を活用し、都市全体でグリーンインフラを戦略的に導入していくことができれば、老朽化が進む各種のグレーインフラの管理コストを軽減できるだけでなく、防災や社会経済、環境保全に寄与し、地域における自然の恵みを享受できる機会を提供することができるようになるだろう。

たとえば、金沢市で最も大きな災害リスクである水害対策を考える。まだコンクリートが存在しなかった江戸時代には、治水対策として、全国各地に遊水池や調節池が盛んに築かれた。これらは田んぼを簡易の堤防で囲ったり、旧河道の跡にできた三日月湖を利用したりすることで、大雨時に水を一時的に貯めるダムのような機能を果たしていた。現在も、関東地方の利根川や鬼怒川流域、新潟県や静岡県、北海道などに巨大な遊水地が維持・造成されており、普段は稲作などの農業が営まれ、いざ災害のときには治水施設として機能するようになっている。他にも、都市河川の治水対策例を紹介したい。福岡県福津市の上西郷川では、近くに住宅地を造成するにあたり、洪水の危険があった三面コンクリート張りだった川を改修する必要性に迫られていた。そこで市の職員と地域住民、大学の研究者が繰り返し相談し、地域に必要な川の姿を模索した。その結果、昔の川の姿を目指すこととなり、川幅を広げて水位を下げ、垂直だったコンクリート護岸を緩やかな傾斜の草の斜面に変更することで、子供が魚とりを楽しんだり、親子が散策したりできる川へと変貌した。その後、この周辺に住みたいという子育て世代が増え、地域住民の環境への意識も良い方向に変わってきたことが報告されている。治水は、川の中だけにとどまらず、山の木々を管理することで保水力を高めたり、街中に透水性舗装やレインガーデン（雨庭）を増やしたりすることで洪水を防ぐ、総合治水という考え方が広がってきている。

他方で、河川や緑地などの自然が持つ魅力を積極的に活用し、地域経済の活性化に寄与する例が、各地で増えている。たとえば、金沢市の浅野川のほとりにある東山茶屋街は、江戸時代の雰囲気を残す街並みと川が作りだす四季折々の風景が多くの人々を魅了している。有名な京都市の鴨川は、川べりに多くの飲食店が軒を連ね、河原は多くの観光客や地元住民で賑わっている。このような川の魅力を活かしたまちづくりを、国土交通省では「かわまちづくり」と名付け、活動を後押ししている。同様に、国内外から多くの観光客が訪れる北海道札幌市も、河川と緑地を活かしたまちづくりに成功した都市である（上野&長谷川 2017）。さっぽろ雪まつりが開かれる市中心部の大通公園のそばには、隣接する商業地を南北に貫くように創成川が流れている。かつて、この川の両側には片側4車線の大きな国道が走っており、大通公園から郊外部に向かう人の流れを阻害していた。そこで札幌市は、国や北海道、地元商店街などと連携し、道路の一部を地下化（アンダーパス）し、河川を中心に人が集うことができる親水空間を創出した。これにより、創成川の周辺に人が集まるようになり、イベントが開催されたり、この川を渡って大通公園側から外側の地区への人の流れが生まれ、新たな商店の進出を促したりしている（上野&長谷川 2017）。また大通公園そのものも、現在「すすきの」という地名で残るすすき原で起きた野火が、北海道庁や札幌駅方面に延焼しないように整備された防火施設（火除け帯）である。それが今、国内外から多くの人が訪れる、にぎわいの場となっている。

このようにグリーンインフラは、都市の防災・環境・経済に様々な効果をもたらす。さらに近年、緑の効能に関する研究が進むにつれ、たとえば、森の中を散歩すると体内のストレス物質の濃度や血圧が下がる、自宅の窓から緑が見えることで攻撃性やイライラが減る、緑が見える病室では手術後の入院日数が短いなどの傾向が明らかにされてきた（ウィリアムズ 2017）。また、小学生が鳥の鳴き声を聞くことで昼食後の集中力が高まるなど、教育への効果も期待されている。これらは一例であり、未だ研究途上のものではあるものの、グリーンインフラを整備する目的は、単なる防災や自然環境の保全という意義にとどまらず、社会経済の活性化や地域のブランド化、子育て世帯の移住促進、個々人の健康や教育などの多様な分野に及んでいることがよくわかる。

グリーンインフラが多様な機能をもたらすのに対し、既存の行政計画は、農業、森林、河川、公園緑地、都市、環境、教育、健康などの部門ごとに、独自の個別最適な計画になっており、横断的な取り組みを促進するようにはできていない。これは明治から続く日本の行政の課題であり、その克服は容易ではないかもしれないが、市や県や国のレベルで、私たちがどういう都市や地域づくりを目指すのかを議論し、その目標に沿った総合的な解決策を探る必要がある。たとえば茨城県守谷市では、２０１７年にグリーンインフラを活用した街づくりを開始した。金沢市の緑と花の課では、２０１９年春の緑の基本計画の改訂にあたり、都市の緑を重要な社会インフラ（グリーンインフラ）とみなし、従来の緑を増やす計画から緑を社会の中で活用する計画へと転換を図った。さらに国連では、２０１５年に合意された持続可能な開発目標（SDGs）において、陸と海の生物多様性を保全し、持続可能な社会構造に転換していくこと、その達成のために多様な主体によるパートナーシップの構築を目標に掲げている。私は本章の冒頭で「都市の景観は、その地域独有の地形や気候風土に対し、人々が長い時間をかけてどう適応し、どう快適な街づくりを目指してきたのかを、私たちに教えてくれる。」と書いた。私たちの子供や孫、さらにその先の世代の人々は、未来の都市の景観にどのような想いを抱くのであろうか。私たちが、自然と調和した持続可能で豊かな社会を目指すとき、グリーンインフラの考え方と技術はその達成に大きく貢献するに違いない。

引用文献

上野裕介・長谷川啓一（2017）「道路のグリーンインフラ化に向けて」グリーンインフラ研究会・三菱ＵＦＪリサーチ&コンサルティング・日経コンストラクション編『決定版！グリーンインフラ』日経ＢＰ社
フローレンス・ウィリアムズ（著）・栗木さつき（翻訳）・森嶋マリ（翻訳）（2017）『NATURE FIX 自然が最高の脳をつくる』ＮＨＫ出版

第4章　金沢グリーンインフラ・ブルーインフラの創出
：都市生態系サービスの保全と基礎

ファン・パストール・イヴァールス（国連大学-IAS OUIK）

1　都市に自然を取り戻す：グリーンインフラについて

先進国では人口減少という新しい時代が幕を開けた。その結果として、生態系サービスとインフラストラクチャの維持が問題となり始めている。この都市の縮小という文脈の中で「都市に自然を取り戻す」という新しいパラダイムが登場している。都市の退行現象である。放棄されたグレーインフラストラクチャ（空き家、空き地、設備、道路など）を自然が占領してゆくのだ。

都市に自然を取り戻すという新しいパラダイムを迎え、私たちは以下の三つの問いに答える必要があるだろう。（1）古いグレーインフラストラクチャにとって代わるのはどのような自然なのか。（2）これから作られる新しい自然と、既存の緑を統合するにはどうしたらいいのか。（3）そしてグリーンインフラはどのように維持されるのか。21世紀のグリーンインフラを定義するには、これらの問いを解決しなければならない。

本章では、金沢市内のグリーン・ブルーインフラ（湿地、用水、水路、既存の河川などを統合または作成するグリーンインフラストラクチャ）の保存と創造の提起に向けて、これらの課題を検討する。

2　金沢の生態系サービス：「曲水庭園」と「湧水庭園」について

金沢市のグリーン・ブルーインフラを考えるとき、地域のホリスティック（全体論的）ビジョンが必要である。

金沢市の豊かな都市景観は、水を基盤としており、市内には二つの大きな川、犀川と浅野川がある。金沢市の都市生態系要

写真 1: 湧水庭園：心連社庭園。
備考：（国連大学 -IAS OUIK）

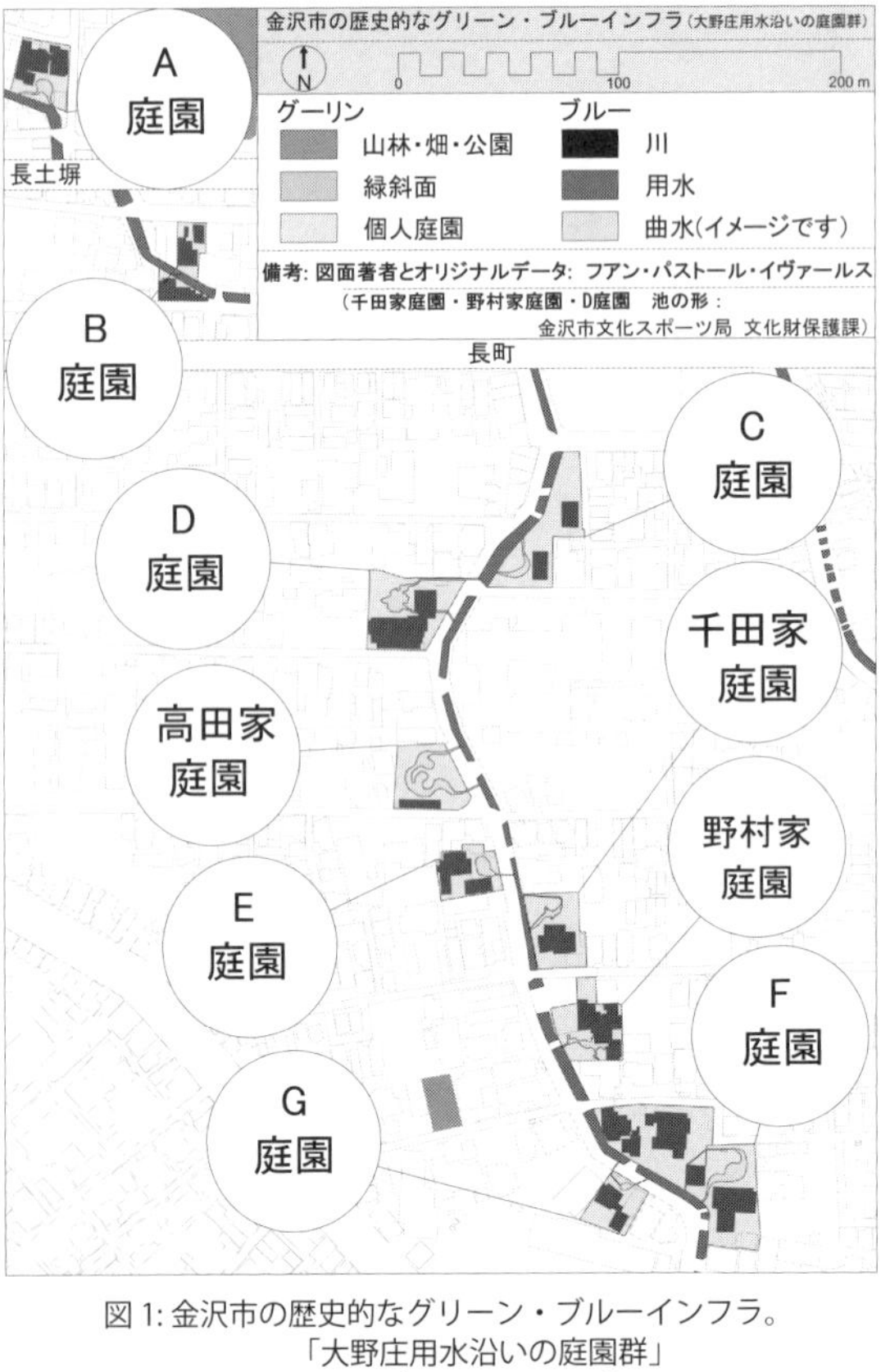

図 1: 金沢市の歴史的なグリーン・ブルーインフラ。
「大野庄用水沿いの庭園群」
備考：フアン・パストール・イヴァールス

素の例をあげると、山、川、緑斜面、用水、庭園などがある。その中でも、庭園はその高い生物文化多様性で際立っている。犀川と浅野川を活用した用水が「曲水庭園」（隣接用水から水を受け取る庭園）をつくっており、もう一つは湧水を生かした「湧水庭園」（写真1）（湧水から水を受け取る庭園）である。これらは金沢市の重要な生態系サービスといえる。

まず曲水庭園についてである。武士や豊かな町民は用水の水を取り入れて、庭園に水の流れをつくり、安らぎを求めていた。兼六園は江戸時代につくられ、明治時代の千田家庭園と大正時代の西家庭園などのモデルになった。曲水庭園では用水から水が入って、庭園内の滝や池や小川に水が流れて、人の心を癒してくれる。研究したところ、大野庄用水を利用した曲水庭園は長町と長土塀に約10カ所を確認できた（図1）。庭園の中心部に池がつくられ、家主の好みに合ったそれぞれの形の曲水庭園になっている。これらの多くはプライベートの庭園で、現在もそこに人が住んでいる。特例として、野村家庭園、高田家庭園などは見学することができる。鞍月用水を利用した曲水庭園は、油車、茨木町、菊川町、幸町にある。その中の一つ、平木家庭園について説明しようと思う。足軽が住んでいた平木家庭園は小さい庭園であるが、素晴らしい生物文化多様性の一例である。今でも曲水庭園を利用して、染物を営んでいる。家主から話を聞いたところ、今でもホタルが生息しているという。近くに曲水庭園は約10カ所ある。曲水庭園の調査をしているが、現在のところ、合計約30ヶ所ある。未調査用水がまだたくさんあるので曲水庭園も沢山あると思う。

次に湧水庭園についてである（図4を参照）。卯辰山にある江戸時代の心蓮社庭園と光覚寺は湧水から生まれた重要な庭園である（図3を参照）。また、奥卯辰山にある室町時代の二俣本泉寺九山八海の庭園は重要な湧水庭園である。ただ光覚寺に湧水は少なく、現在は人の力を使って池を維持している。

これらの曲水庭園と湧水庭園は、審美的価値だけではなく、生態学的にも意義がある。私が見たものと家主から聞いた現状を説明すると、昔からこれらの庭園の中には、フクロウ、小鳥、ホタル、ムササビ、モリアオガエル、ホクリクサンショウウオ、ゲンゴロウ、ウグイ、メダカ、ミズカマキリ、マツモムシなどが生息しているそうだ。やはり水はたくさんの生命をつくってくれるのだ。これらの庭園には高い生物文化多様性を確認できる。しかし、そのうちのいくつかは現在は絶滅しているそうだ。家主の懸念は維持管理の度合いにより生物多様性が上がったり下がったりすることである。

私は研究のため、そして金沢のまちなかエリアの都市生態系サービスを保全するために、マッピング分析とモニタリングをしている。その結果、都市生態系サービスが放棄され、都市生態系サービス維持がされていない、都市生態系サービスがつながっていないことが問題であると考えている。例えば、用水と庭園または周辺の山々のつながりがなくなったために都市の豊かな生物多様性は危険にさらされている。この歴史的なグリーン・ブルーインフラ（曲水庭園と湧水庭園）を保全するため持続可能な戦略を策定する必要がある。

３　持続可能な都市生態系サービス保全：金沢市の庭園パイロット体験について

現在、日本庭園の維持管理の問題がある。ここでは金沢市の庭園の促進、保全、活性化を推進することを目的に、２０１７年から実施した「庭園パイロット体験」について説明したい。

私たちは先祖から引き継いだ日本庭園を子孫に渡すために、共同管理による持続可能な保全をすすめる必要がある。目標を達成する方法を説明したい。まず共同管理、持続可能な開発のための教育、エコツーリズムのコンセプトを連携させて、金沢市の庭園の新しい管理方法を生み出す。ボランティア活動および補助金などを利用することにより持続可能にしていく。金沢市と日本造園学会石川連絡会と金沢市の各大学などがパートナーシップを結んで

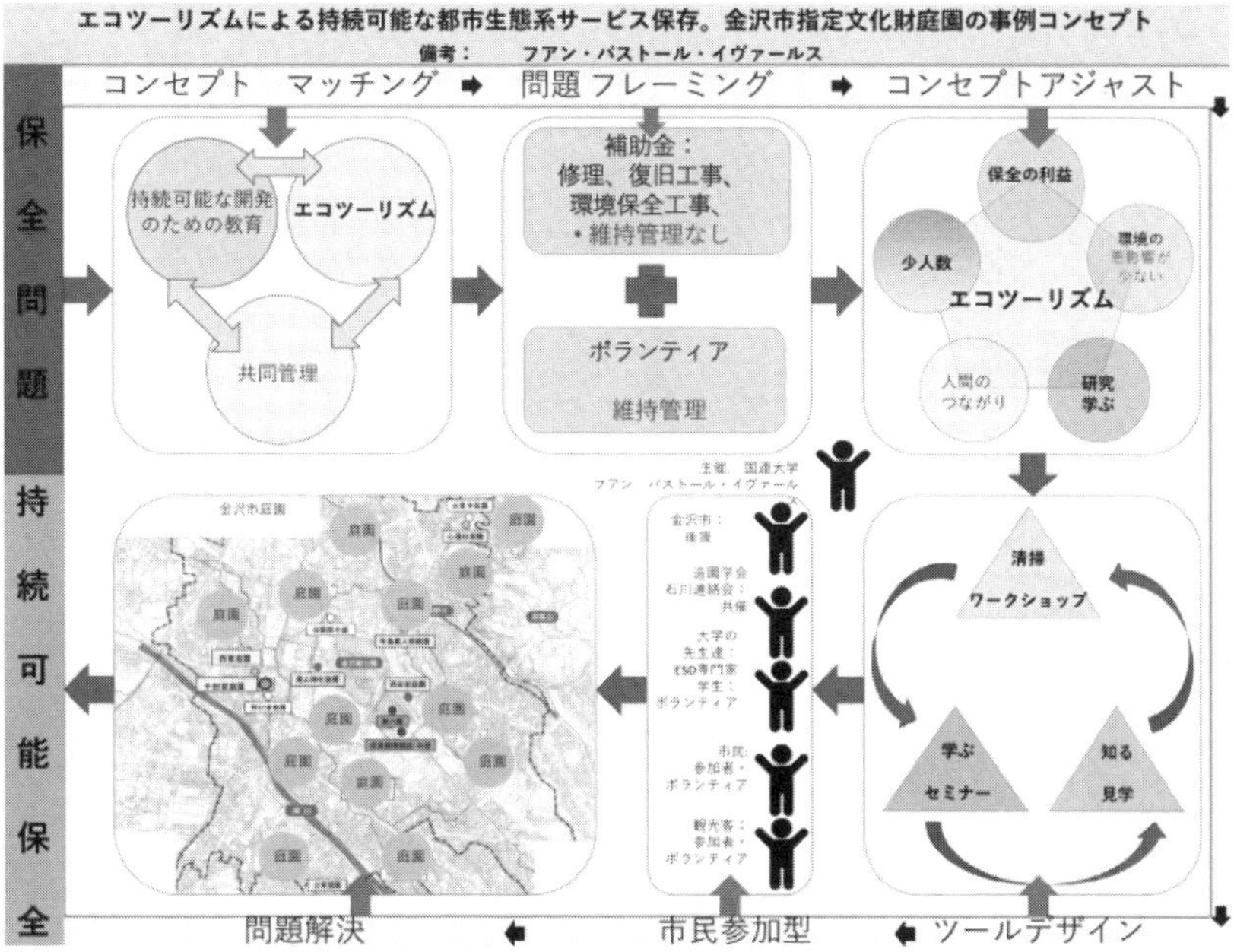

図 2: 金沢市の庭園パイロット体験。コンセプト
備考：フアン・パストール・イヴァールス

いる（図2）。

問題点を知るために、庭園の所有者にアンケートを行った。アンケート内容は、庭園の価値、植生、保全指定、維持管理、補助金、将来についての活動という七つの課題である。その結果、維持管理は、施肥、雪吊り、消毒、樹木の枝下ろし、剪定などは造園会社が管理することが多いようである。また、落ち葉清掃、池清掃、草むしりは所有者が自営でしているようである。所有者は高齢者が多く、維持管理費が高いので、問題を解決するために、共同管理ができないかと考えたのである。

パイロット体験の役割分担について説明しよう。研究者はエコツアーの主催、参加者の募集、アンケート調査でデータ収集などを行う。行政は道具の貸し出し、研究者と所有者の橋渡し、庭園の資料の提供などを行う。所有者は庭園活動のホストなので、要望を参加者に伝える。

対策として、三つの活動に取り組んでいる。一つ目は、生物多様性を守るための清掃である。池の藻、泥、落ち葉の掃除、草むしりなどを行う。参加者は金沢市内の学生、地元の方、石川県に住んでいる外国人、観光客である（写真２）。二つ目は、勉強会である。造園、環境、観光、歴史、文化など、異なるフィールドから集まった専門家で構成した勉強会である。目的は金沢の庭園の理解を深めることである。勉強会では、グリーン・ブルーインフラや雨庭や気候変動などのテーマについて専門家の講演を行った。参加者は行政、学生、金沢市内の他の庭園の所有者であった。三つ目は、見学である。金沢市内の庭園を歩きながら、参加者が庭園管理と保全について議論する。２０１７年から２０１８年にかけて、エコツアーを17回開催し、約３００人が参加した。

生態系サービスがもたらす利益を評価するために参加者にアンケート調査を行ったところ、エコツアーの後はポジティブ感情が上がり、ネガティブ感情は下がる結果となった。

写真 2: 心連社庭園の清掃ボランティア活動
備考：（国連大学 -IAS OUIK）

庭園パイロット体験によって、次の成果が得られた。

(1)地域社会への関与（庭園の維持・保全に関する市民の意識の向上）
(2)金沢市の高い生物多様性に対する市民の認識の向上
(3)世代間（若い学生と高齢者と庭園所有者）のつながりの強化
(4)庭園の価値に対する庭園所有者の意識向上

ここから生まれた私のグリーン・ブルーインフラの維持管理への提言は次の通りである。
(1)既存の都市生態系サービスの分析・マッピング・モニタリングをする。
(2)都市生態系サービス間の連携を回復する。
(3)都市生態系サービス所有者の義務と権利を明らかにする。
(4)保全と補助制度を強化する。
(5)都市生態系サービスを維持するためのボランティア等による新たな共同【共有】管理制度を作る。
(6)都市生態系サービスについて持続可能な開発のための教育制度を作る。
(7)都市生態系サービスについてエコツーリズム制度を作る。

4　レジリエンスな都市生態系サービス基礎：まちづくりプロジェクトについて

既存の生態系サービスを保全するだけではなく、将来の生態系サービスを創る必要がある。人口が減少するなか、現在の重要な議論の一つは、空き家と空き地は、将来、グリーンインフラとグレーインフラ、どちらになるかどうかということである。

２０１２年から２０１７年にかけて、日本は近代以降初めての人口減少に直面した。この現象は、今後、悪化の一途を辿り、２０６０年までに人口は約４１３２万人減少すると予測されている（国土交通省 2013）。この人口変動に伴い、日本では空き家の割合が徐々に増加している。金沢市では、２０６０年までに10万６２２０人の人口減少が見込まれている。２０１５年の時点で、金沢市の空き家率は８％であり、空き家率が最も高いのは、東山２丁目の9・3%である（国土交通省北陸地方整備局 2013）。金沢市の伝統地区である「東山ひがし」および「卯辰山麓」は、この東山2丁目に位置している。東山ひがしは2001年に、卯辰山麓は2012年に国の重要伝統的建造物群保存地区に指定された。これらの地区では、高齢化、低出生率、郊外化によって人口減少が進み、結果として空き家・空き地が増え続けている。一方で、両地区では、観光事業による地域活性化が試みられている。両地区には興隆と荒廃が混在しており、都市景観に反映されている。

歴史、文化交流、寺社、伝統地区・建造物、自然環境（山）、中庭、および水路を守るために、人口変動が当該保存地区に及ぼすリスクを査定し、まち再生プロジェクトを実施することが望まれる。まちづくりプロジェクトの最終目的は、金沢市の建造物、空き地、および緑地の調和を取り戻すことにある。

上記の状況は、積極的な施策により、当該地域の景観を向上させる好機となる。空き地と空き家は、適切な施策により、次の三つのコンセプトを試みる場として活用できる（図3）。

匠技育成：現在問題となっている「頭脳流出」を防ぐ

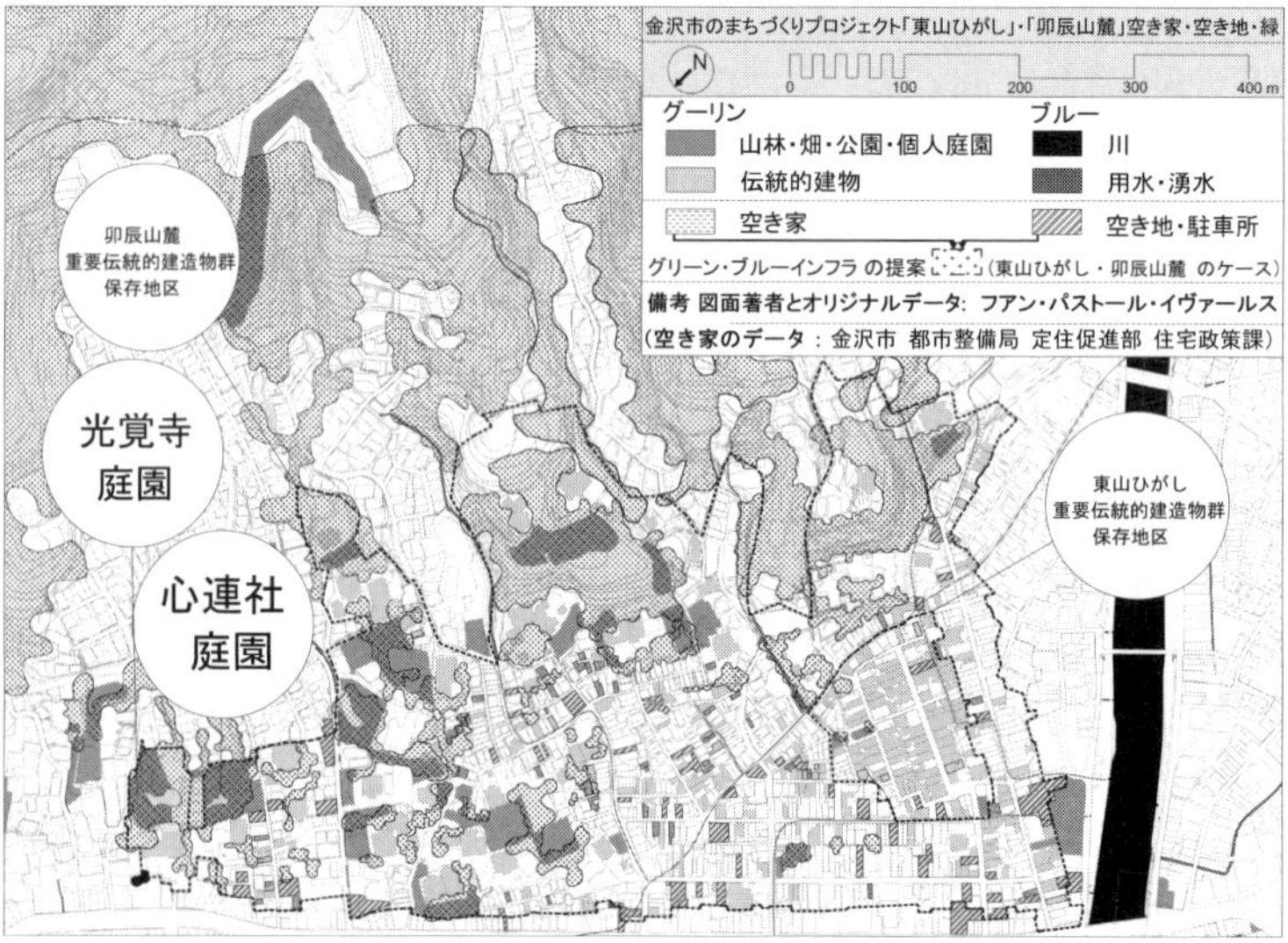

図 3: 金沢市のまちづくりプロジェクト
「東山ひがし」・「卯辰山麓」の空き家・空き地・緑調査
備考：フアン・パストール・イヴァールス

ため、若手の職人を当該地域に迎え入れる。職人が空き家を工房や店舗として利用すれば、金沢市がクリエイティブな都市として活性化すると考えられる。

グリーン成長：グリーン成長を重視する「持続可能な発展」戦略。私有・公有の緑地と、既存の空き地に新たに植えられた緑樹とをつなぐことにより実現を目指す。２０１８年２月、北陸大学の武田幸男教授とともに、地元の人びとを対象に空き家と空き地についてアンケート調査を行った。空き家と空き地の活用は、一般住宅か緑地や公園が良いという意見が多かった。

参加型まちづくり：従来型のまちづくりでは、市民は行政や専門家による決定に従うだけで、積極性があまりなかった。これに対し、現代型のまちづくりでは、市民は自ら積極的に現場で活動し、専門家と協力することにより真の解決策を見つけ出し、最終的にその解決策を行政に提案する。

5　金沢市グリーン・ブルーインフラの創出

ホリスティックなグリーン・ブルーインフラを作り上げるには、私たちはその場所に根を張った、また新しい時代に即した、それぞれの場所の遺伝的な中心を見出さなければならない。下記は、本章の冒頭で示した三つの問いに対する私の答えである。

（1）グリーン・ブルーインフラ創造のための参考モデルとしての日本庭園

日本が西洋に向けて開かれた明治時代以来、日本のランドスケープデザインのモデルは徐々に西洋的なモデルに置き換えられてきた。日本庭園、すなわち気候、地形学と国家的感覚に合わせた自然の創造は、現在では非常に過小評価されている。美的・生態学的に質の高い日本庭園の伝統は、都市のグリーンインフラの類型学を作り上げるための参考として貢献するはずだ。そのためには、日本庭園がその学問的、教育的、社会的領域に対応した場所をふたたび占めるようになることが必要不可欠である。

（2）グリーン・ブルーインフラ創造の出発点としての用水網

金沢の用水網は、生態系サービスを繋ぎ合わせ、生きものをその生まれたところから都市へと運ぶことができる。この水は数百年にわたり、用水の庭園や本章で解説した泉など、価値ある都市の生態系サービスを築いてきた。現在、この用水の周辺では、庭園や空き家、空き地が放棄されるなど、現実は変化しつつある。用水というブルーインフラが、グリーンインフラの統合と創造の出発点となるべきである。それゆえ、グリーン・ブルーインフラの保存と創造だけではなく用水路を活気づける政策が推進されるべきである（図4）。

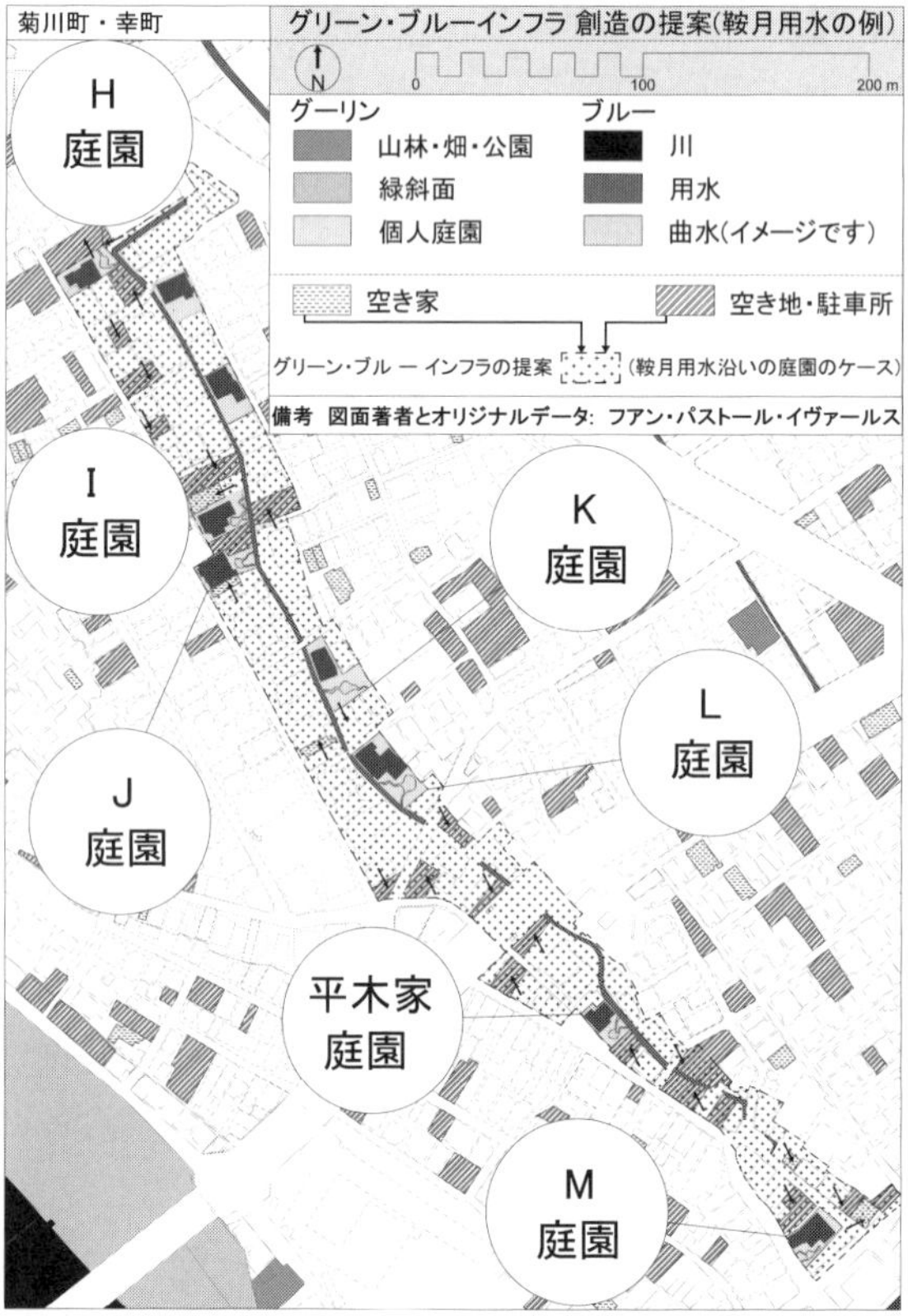

図 4: グリーン・ブルーインフラ創造の提案
「鞍月用水沿いの庭園群」のケース
備考：フアン・パストール・イヴァールス

（3）グリーン・ブルーインフラの維持と人間と自然の新しい関係性

衰退する社会は、持続可能なやり方を考える必要がある。公共政策に、観光部門に環境税を導入する、ボランティアグループを作るなどの官民連携によるマネジメントを加えるべきだ。人間は自然から大きな利益を引き出している。こうした自然の資本に対する認識を高めるため、市民はその場所で直接問題を知り、すなわち市民としての体験をし、その場所で問題を解決する。すなわち市民として関与しなければならない。この小さなアクションの集まりによって世界を変えることが出来る。私の夢は「すべての金沢市民が庭師に……」である。

都市に自然を取り戻すとともに、市民によって部分的に維持されるグリーン・ブルーインフラの保全と創造によって、人間と自然のよりバランスの取れた関係性を作り上げることができる。それによって人口減少を食い止める可能性も見出せるだろう。

引用文献

(1)国土交通省（2013）『若者を取り巻く社会経済状況の変化』国土交通省 http://www.mlit.go.jp/hakusyo/mlit/h24/hakusho/h25/html/n1111000.html
(2)国土交通省北陸地方整備局 (2013)『北陸地方における空き家対策に関する取組』国土交通省北陸地方整備局、pp.2-19 http://www.hrr.mlit.go.jp/kensei/machi/akiya/pdfdata/02hokurikuniokeruakiyataisakunikansurutorikumi.pdf

第5章　文化創造するグリーンインフラ：金沢の用水網の多用途性

飯田 義彦（金沢大学）

1　はじめに

「グリーンインフラ」という概念が社会的に広まりつつある。グリーンインフラは、「自然が持つ多様な機能を賢く利用することで、持続可能な社会と経済の発展に寄与するインフラや土地利用計画」（グリーンインフラ研究会ほか編 2017）と定義されている。グリーンインフラのキー概念や議論は、自然の特性を読み取りながら社会のあり方を再考していく社会思想論であり、加えて、具体的な技術の適用のあり方も含めて論じることから社会実装のための現実的な運動論であるともいえる。

都市のグリーンインフラの先行事例としては、アメリカのポートランド市やニューヨーク市、ドイツのミュンヘン市、イギリスのロンドン市、シンガポール、といったような海外の取組が注目されている（グリーンインフラ研究会ほか編 2017）。これらの事例では、都市政策や都市計画に「グリーンインフラ」の考えを導入し、実際の道路や公園の整備に水循環の改善や生物多様性保全のための緑化技術を取り入れたものが紹介されている。つまり、従来のインフラ整備、いわゆるコンクリート中心のグレーインフラに対して、自然の持つ多様な機能を利用するグリーンインフラ的な発想への転換と具体的なインフラ整備事例が望まれており、都市のインフラや土地利用の再編成が注視されるところである。

ところで、日本には、明治近代化以前から形成された都市（本稿では、「歴史都市」とよぶ）が存在し、とくに江戸時代に計画建設された町並みが残されている都市が少なからずみられる。金沢はその典型例である。本稿では、「歴史都市」に蓄積されてきたインフラ構造物、ここでは金沢の用水網について「グリーンインフラ」という概念から改めて読み解き、日本型のグリーンインフラの多機能性やデザインのあり方を論じてみたい。

2　用水網の成立と多用途性

金沢は他の歴史都市と比較して、幸いにも、明治維新前後の争乱の場となったり、太平洋戦争時の米軍による空爆の被害を受けたりすることがなく、また１６３１年（寛永８年）の大火以来、大規模な火事や災害に見舞われてこなかった。そのため、前田利家の金沢城入城を契機として形成された江戸時代の町割りが現在でもほぼそのままの原型を保っている。

金沢の用水網は、実に55本を数える用水で構成され、その総延長距離は約１５０㎞とされる（図１）。また、金沢の用水網は、直線的な用水だけでなく、金沢城を取り囲み防御的な機能を持っていた東西の内総構堀（内堀）や外総構堀（外堀）のような同心円状の堀と一体となっている。前者は１５９９年（慶長４年）に、後者は１６１０年（慶長15年）に築造され、現在総構堀は金沢市指定史跡（２００８年）となっている。用水網は、一つの時代に一斉に整備されたわけではなく、徐々に発達してきた歴史を有している。用水の建造が最も盛んだったのは、戦国時代が終わ

図１　金沢の用水網

出典：金沢市（2015）『金沢市用水保全条例のあらまし』

り比較的安定した時期となった１６３０年代以降から17世紀末にかけてであった（金沢経済同友会 1979）。

　では、用水網は、どのような機能を意図してつくられ、さらに利用されてきたのだろうか。城下を流れる主だった三つの用水についてまず紹介しよう。辰巳用水は１６３２年（寛永９年）に板屋兵四郎の普請によって開削された（金沢市教育委員会 2000）。この前年に「法船寺焼」という大火により金沢城などが焼失しており、城内に飲料用、消防用の水を供給することが目的であったとともに、総構堀に水を通し防御機能を高めるためであったとの見解もある（笹倉 1995）。また、辰巳用水の水は、火薬製造の動力源、兼六園や城内への逆サイフォンによる導水、下流域の農村地帯での灌漑用といったように、多様な用途が付与されてきた歴史がある。

　鞍月用水は、氾濫を繰り返してきた犀川の度重なる改修が行われてきた地域（現在の片町一帯を含む）にあり、その建造年代は明らかになっていないが、正保年間（1644～48年）の油商にまつわる記録に初めて現れる（笹倉 1995）。犀川上菊橋上流にある鞍月用水の取り入れ口は「油瀬木」と呼ばれ、通水された水は菜種油を絞るための水車を回す動力源として利用されたようである。鞍月用水の水力は、金沢の産業の変遷に対応しながら、江戸時代は絞油、明治以降は製米や製粉、染め物、そして明治初期に近代工業化された製糸業、機業、精錬業などにも利用された。もちろん下流域では水田を潤す水として活用された。

　大野庄用水は、犀川大橋のたもとを取水口として、宮腰（現在の金石港）まで続く用水である。大野庄用水周辺には木材の運搬や集積に関わる地名が多く残されている。取水口近くには木倉町（かつては木蔵町）があり、大野庄用水自体がかつては「御荷《おに》川」と呼ばれ、下流部は木曳《きびき》川と名付けられている。木曳川の周辺には、木揚場（現在の元菊町）、安江木町（江戸時代初期の呼び名。現在の本町・芳斉町など）といった地名がかつては付けられていた（笹倉 1995）。また、大野庄用水には、長町の武家屋敷群が隣接しており、現在でも屋敷庭園の池泉に用水の水が引かれている様子をみることができる。

金沢は江戸時代、全国でも有数の人口規模を誇り、日本海側の中心的な拠点都市であった。当時、北前船という日本海航路が開かれており、北海道から海産物であるニシンやコンブなど、大阪からは酒や塩などを流通させる国内交易が盛んであった。近郊の宮腰は物流の中継地点であり、先の木材運搬の事例にみられるように、用水は城下町の内外をつなぎ、藩の経済活動を支える交通インフラとして消費地の需要を支えていた。

このように城下に流れる三つの用水の特徴を整理しただけでも、様々な用途に利用されてきたことが理解される。その「多用途性」は、江戸時代初期から、明治、大正、昭和時代にかけて通史的に変転してきたといえる。また、同じ1本の用水でも空間的な位置によって、期待される役割が異なるといった「場所性」がみられる。例えば、城下では防御用や消火用といったことに重きが置かれるが、農村部では灌漑用の水源として一層重要であり、いわゆるカスケード利用ともいえる形態がみられた。

3　用水網と近年の市民生活とのかかわり

金沢市教育委員会（2000）によれば、昭和期中頃までは、用水は市民生活とも密接に関わる使い方がなされていた。10用水の利用状況を整理したところ、多い順に、灌漑（10用水すべて）、消防、水車、融雪（消雪）、洗濯、糊落とし、道の撒水用、発電用が続き（図2）、その他の利用としては、上水道水源用、観光用、そうめん冷やし用、馬洗い用、子供の小魚取り用、野菜洗い用、水遊び場用、市場開設用といったことが挙げられていた。

また、用水は生物の棲み処でもあった。ドジョウ、ナマズ、ウグイは比較的多くの用水に生息していたようであり、ウナギもかつてみられた。ゴリ漁は金沢で有名であるが、ゴリやモロコ、アユといった淡水魚や、シジミのように汽水域に生息するようなものも用水にいた生物として挙げられており、これらをよく食べていたという記述もみられる。ところが、１９３０年代や１９６０年代の区画整理事業でそうした生物がいなくなり（金沢市教育委員会2000）、用水がもっていた生物多様性保全の機能を消失させる結果ともなった。

金沢は伝統工芸のまちともいわれ、水と伝統工芸の関わりも深い。加賀友禅の生産過程では、糊を使って色を生地に付けるが、その糊を落す工程に大量の水が必要であった。１９７６年当時は城下中心部の用水沿いに糊置業や手捺染業といった業態が多く集積していた（飯田編2015）。都市化の進展により、用水は道路下に暗渠化されたり、私有橋の架橋によって駐車場として利用されたり、都市排水路への移行、用水量の減少などの課題が生じ（平2000）、用水の利用と市民生活が次第に離れていった。

金沢市は、１９６８年（昭和43年）に制定した「金沢市伝統環境保存条例」（1990年（平成2年）廃止）にて、伝統環境を「樹木の緑、河川の清流、新鮮なる大気につつまれた自然環境とこれらに包蔵された歴史的建造物、遺跡等及びこれらと一体をなして形成される環境」と定義し、その保存の重要性を指し示した。また、先述のように１９９６年（平成8年）には「金沢市用水保全条例」を制定し、保全する用水を指定し、用水の保全と利用の両立を目指した取組を進めてきた。条例では、用水の景観、開渠化の促進、清流の確保、用水の利用という4つの観点から、指定用水の用水保全基準が定められた（山下2018）。鞍月用水では、用水保全条例制定後に初めて、２０００年（平

図2　10用水（金浦用水、鈴見用水、小橋用水、中島用水、 旭用水、田井用水、寺津用水、辰巳用水、鞍月用水、三社用水）の水利用形態（2用水以上でみられた用途）。

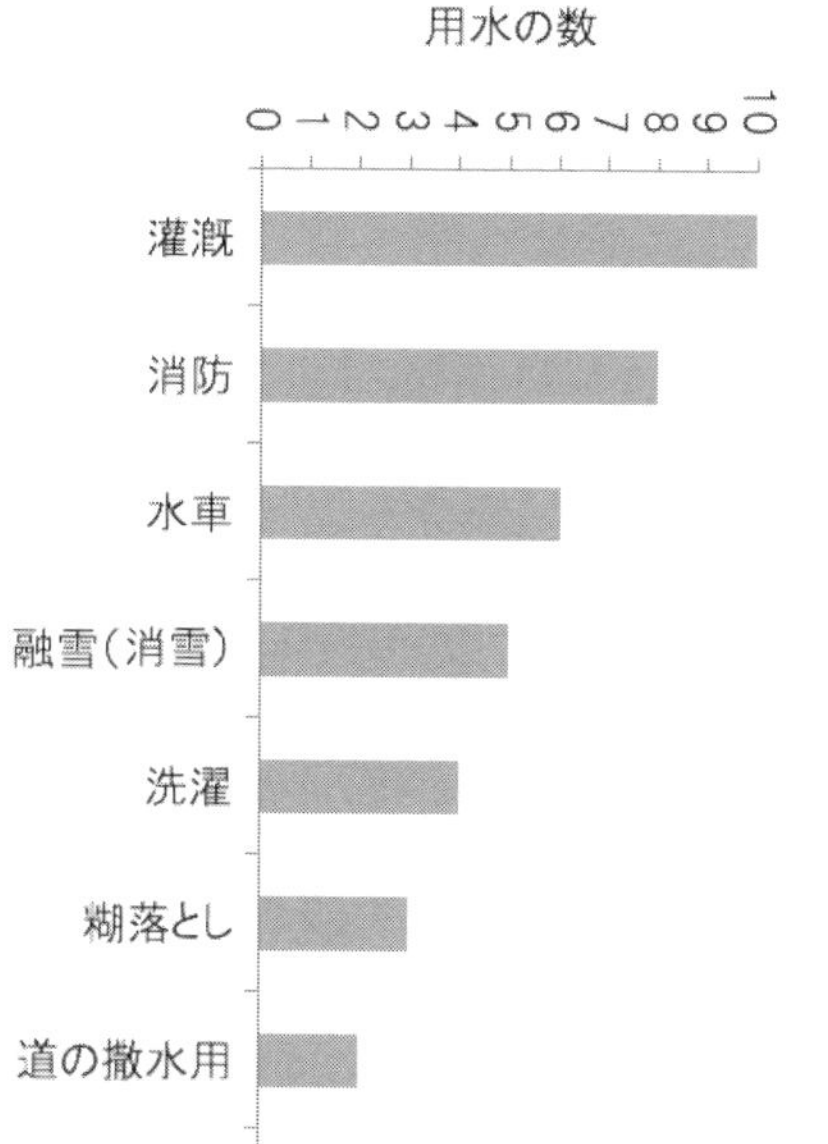

金沢市教育委員会（2000）『金沢の用水・こばし調査報告書前編』を参照し筆者作成。

成12年5月）に用水の復元や開渠化率を向上させた事業が完成した（上田 2000）。

用水（水辺）の新たな利用として注目されるのは、用水網を通じて地域の環境を知る学習活動が市内全域で行われてきたことである（次節参照）。金沢市は、１９８７年（昭和62年）から「金沢市子ども会連合会」（1950年（昭和25年）に前身の「金沢市少年連盟協議会」が設立。2000年（平成12年）に改称）と連携した「金沢市ホタル生息調査」を30年以上にわたり継続している（飯田 2017）。

加えて、市民レベルでも、ホタルが生息する水辺環境を積極的に保全、再生、活用する取組が行われてきた。金沢城址公園北東面に位置し、１９８４年（昭和59年）に完成した全長約３００ｍの歩行者通路である白鳥路では、近隣の湧水を利用して水路を設けている。１９８７年（昭和62年）秋頃からホタルの幼生を放流する活動が始められ、１９９５年（平成7年）までは浅野川水系自生のカワニナの放流と光環境の改善作業（周囲の枝葉の剪定）が行われてきた（飯田 2017）。また、２００５年（平成17年）からは、ホタルが繁殖しやすいように夜間に照明を暗くする取組を開始し、翌年に事業化された。

１９８８年（昭和63年）には、「ホタル飼育ボランティア制度」を通じて白鳥路友の会としてボランティア20名が集まり、現在の「金沢ホタルの会」の発足につながった（飯田 2017）。毎年6月の観察会では、同会が一般の人びとへの説明（写真1）や、人の往来のカウント、ホタルの確認数の記録を担っている。同会の記録データは「金沢市ホタル生息調査」にも活用されている。

このような市民活動の継続的な努力のもと、白鳥路にはホタルの飛来期に毎年数千人規模の人びとが訪れるようになっており、身近な水辺に対する市民理解の醸成に役立っている。白鳥路は、ホタルが棲みやすい水辺環境という新たな用途

写真１　白鳥路でのホタル解説
（2014年6月21日筆者撮影）

を付与した、現代的な「用水」とでも言うべきものである。

4　用水と地域をつなぐ「金沢市ホタル生息調査」

先述の「金沢市ホタル生息調査」（以下、調査とよぶ）は、子どもの環境学習と水辺環境の自然度評価の基礎資料として情報収集することを目的として実施されているが、取組のきっかけ自体は水質の評価に化学的指標ではなく生物指標を用いたいという当時の金沢市職員の想いから始まっている（飯田 2017）。

調査は、市内全体の子ども会の組織体制を活用して記録用紙が配布、回収され、これらを金沢市環境政策課が集計し、ホタルマップを作成、公開するという流れである（図3）。金沢市には小学校単位ごとに育成委員（市内65地区に65人）が定められており、月1回、子ども会の連絡窓口となっている育成委員の定例会が開催され、5月にはホタル生息調査に関わる依頼を市担当者が行う。「金沢ホタルマップ」は、このような地道な年間の活動サイクルに支えられ、30年にわたり毎年刊行されてきた（国連大学・金沢市 2017）。

図3　金沢市ホタル生息調査の実施体制

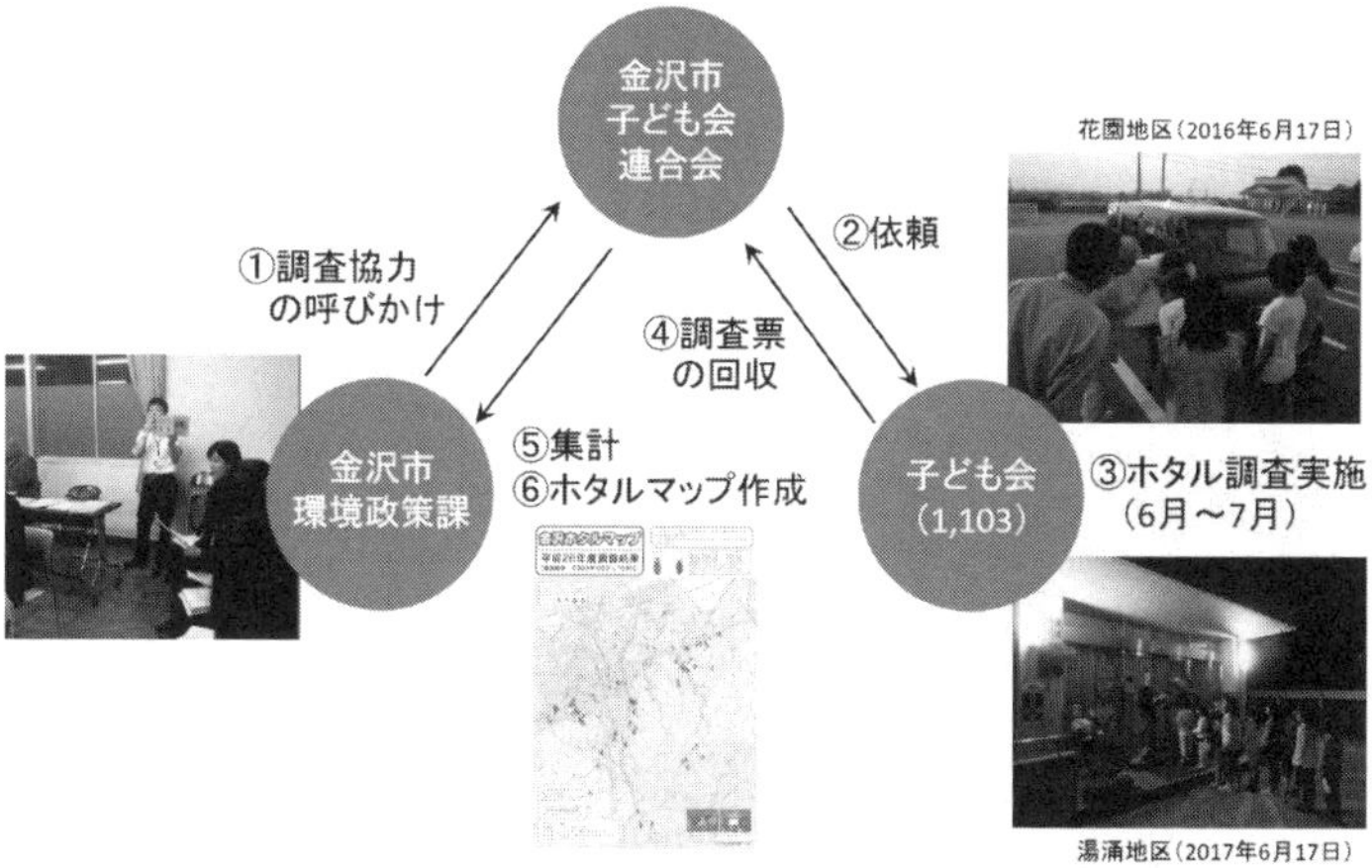

※1　金沢市環境政策課、金沢市子ども会連合会、花園少年連盟協議会、湯涌少年連盟、中村町校区子ども会連合への取材に基づく
※2　写真：①金沢市子ども会連合会、③飯田義彦

（国連大学・金沢市（2017）を一部改変）

実際の現場での観察にあたっては、「ホタル生息調査の手引き」を参照し、調査手法の統一化を図っている（飯田2017）。手引きによれば、調査期間は、6月15日～7月31日と定められており、ゲンジボタルの発生時期（6月上旬～下旬）とヘイケボタルの発生時期（6月中旬～7月下旬）において、それぞれ1回以上（合わせて2回以上）実施する。また、調査項目については、子ども会単位で調査用紙に記入し、①調査日時、②参加者数（大人及び子ども）、③調査場所（ホタルを見つけた場所）、④ヘイケボタルとゲンジボタルごとの数（不明なら数のみ）の情報を記載する。

調査は、ホタルの光を確認するため夕方から夜間にかけて行われる。そのため、安全面の配慮から地元子ども会の役員を務める大人が中心となり、低学年から中学生ぐらいまでの子どもたちが地域の大人と一緒になって用水（水辺）沿いを歩き、ホタルの数や確認場所を記録していくというものである。地道ではあるが、世代を超えて地域の環境を一緒に理解する活動として高く評価できる（写真2）。

現在、子ども会は市内に１１０３団体（２０１６年現在）ある。１９８７年には１１３０団体が参加していたことから、子ども会自体の減少も確認される。ホタル生息調査への延べ参加人数（調査員数）は、大人も子どもも含めて24年間（1993年（平成5年）～2016年（平成28年））で約19万人にも上る（国連大学・金沢市2017）。親子三世代で調査に参加したという声もあり、ホタルのモニタリング活動が30年以上続く行事として金沢の風物詩となっており、すでに文化的な行事になっている点が面白い。

このように水辺の生物のモニタリング活動が「文化」化され、継承されていく過程に大きな価値がある。金沢には身近に用水網があり、かつ「金沢市用水保全条例」のように保全のための思想がルールとして明文化されている。こうした素地がホタルのモニタリング活動を継続させる要因になっているといえる。また、

写真２「ホタル生息調査」後の様子
（湯涌地区。2017年6月17日筆者撮影）

「金沢市ホタル生息調査」そのものが用水の多用途性を示す一つの活動でもあり、新たな用途が市民参加型で見出されてきた点は興味深い。

5　文化創造する歴史都市の「グリーンインフラ」

金沢の用水網は、自然（水）の持つ多様な機能を生かし、都市や農村部の持続的な社会と経済の発展に数百年にわたり貢献してきたという点では、まさしく「グリーンインフラ」の定義を体現するものといえる。このように、歴史的に培われてきた日本の都市インフラをグリーンインフラ的な観点から見直すことにより、日本型グリーンインフラの多機能性やデザインを具体的に模索していくための知見が提供されるに違いない。

しかし、本稿で述べておきたいのはそれだけではない。つまり、用水網は、単に利用価値のある構造物だけとしての存在ではないのである。用水網は、かつて淡水魚類の棲み処でもあり、金沢の食文化（ゴリ料理など）を育む場でもあった。一方で、400年近く維持された用水網は、今やホタルを通じて大人と子どもを結びつけ、地域の環境を知る学習活動の場となっている。現在、用水網全体としては生物多様性を育む機能や供給サービスは低下しているものの、ホタルのような生きものが暮らす余地が用水内外に残されたり、白鳥路のようにたとえ狭小な場所であっても生息地が新規に整備されたりすることにより、参加型の環境学習活動という新たな文化的サービスが創出されている。

つまり、用水網は、市民目線で利用価値を生み続ける構造物であり、文化を創造するグリーンインフラとして歴史的に存在し続けているのである。

1600年代から約300〜400年にわたり維持されてきた用水網を、時代状況に応じていかに人に近い存在として維持し充実したものにしていくか。これからの金沢の都市文化の創出という観点からも見逃せない点である。すなわち、用水網は、観光や経済、防災や環境、景観という側面だけでなく、市民の文化形成にも欠かせないのだという見方が必要である。つまり、それは用水網のもつ多用途性（あるいは、自然の持つ多機能性）の「多」をどのように捉えるかという問いでもある。機能が単に「多」ければよいのではなく、今後どのような「多」を次の世代に向けてつくっていくのか、この「多」の中身を考えていくことが金沢らしいグリーンインフラの在り方を議論するポイントとなる。さらに言えば、グリーンインフラの機能として、都市生活者のアクティビティを育むような「余地」をあえて残しておく、あえて設けておくことがカギとなってくるだろう。

ここに「新たな文化を育む用水網」の存在を見出すことができる。金沢には、そもそも周囲の火山や海岸線といった自然環境、農村や里山、港湾などの土地条件が揃っており、それらをつなぐ用水網を軸にした食文化、工芸、近代産業、都市景観、伝統環境が一体となって形成されてきた。さらに、金沢には前田家が入るまでに約1世紀にわたる民衆による統治の歴史もあり、武家文化の代表である茶道文化も広く継承されている。都市生活者の暮らしや知恵が複層的に根付いていることが金沢の特徴であり、存在価値でもある。都市の「グリーン」なインフラ整備にあたっても、こうした知恵や文化をどのように共に育んでいくのか、「グリーンインフラ」を巧みに使いこなす人間をどのように育てるのか、その利用を市民の文化としてどのように根付かせていくのか、という一連の問いが重要な課題であることをここに強調しておきたい。

歴史都市金沢を「グリーンインフラ」の文脈から考えた場合、歴史的に培われてきた都市インフラを文化的な側面からもしっかり見た上で、「どこを変える」、「ここは変えない」という判断が必要に思う。金沢のような多重的な意味合いを持つ歴史都市の在来知やインフラ知を生かして、どのように日本型の都市グリーンインフラを構築していくのか。そのような視点を持ちつつ、欧米やアジアの諸都市と比較し、さらにより良いまちづくりを世界に広めていく。日本発のグリーンインフラの構築やその仕組みづくりを考える意義はそこにあるだろう。

引用文献

飯田義彦（2017）「金沢市ホタル生息調査30 年からみる水辺環境の造園修景への視座」『造園修景いしかわ 2016 第19号（日本造園修景協会石川県支部）』: 4-9

飯田義彦編著（2015）『地図情報から見た金沢の自然と文化』国連大学サステイナビリティ高等研究所いしかわ・かなざわオペレーティング・ユニット

グリーンインフラ研究会・三菱ＵＦＪリサーチ＆コンサルティング・日経コンストラクション編（2017）『決定版！グリーンインフラ』日経ＢＰ

上田哲男（2000）「せせらぎ通り・鞍月用水の復元」『Esplanade』56: 18-21

金沢経済同友会（1979）『金沢の用水』金沢経済同友会

金沢市（2015）『金沢市用水保全条例のあらまし』金沢市

金沢市教育委員会（2000）『金沢の用水・こばし調査報告書前編』金沢市教育委員会

国連大学サステイナビリティ高等研究所いしかわ・かなざわオペレーティング・ユニット・金沢市環境政策課（2017）『金沢ホタルマップ30年のあゆみ』国連大学サステイナビリティ高等研究所いしかわ・かなざわオペレーティング・ユニット

笹倉信行（1995）『金沢用水散歩』十月社

平幸盛（2000）「用水保全の取り組みについて」『Esplanade』56: 16-17

山下亜紀郎（2018）「金沢市における用水保全施策の特徴と用水の地域的役割」『筑波大学人文地理研究』38: 1-12

第6章　日本庭園とグリーンインフラ：相反か、相補性か

エマニュエル・マレス（奈良文化財研究所）

1　日本庭園はグリーンインフラとして考えることができるのだろうか？

「日本庭園」と言えば、一般的には古代から近代までの長い歴史の中で培われた伝統と文化、日本独自の自然観を凝縮した空間として認識されているのではないだろうか。日本の文化を象徴しながらも、我々の日常生活とは切り離されたもの、過去に属するものである。少し大げさな言い方かもしれないが、文化財を収集、保存、そして展示する野外美術館に似たところがある。

一方で「グリーン・インフラストラクチャー」と言われたら、何が頭に浮かぶのだろうか。緑化政策、都市計画、施設整備、土地利用、地域経済、自然環境、自然多様性、生態系サービス、持続可能性などと、現在の人間社会が抱えている環境問題とその対策方法をイメージする人が多いのではないだろうか。自分一人でどうにかできることではないが、地域の暮らしと住まいに大きな影響をもたらすもの。つまり、グリーンインフラは我々の日常生活に密接している存在であり、現代の社会が抱えている問題と深い関係にある。

2　日本庭園対グリーンインフラ

一見したところ「日本庭園」と「グリーンインフラ」とは相反する概念であり、同じように扱うことができそうにない。過去対現在、伝統対イノベーション、四文字熟語対カタカナ略語、すべてにおいて対立しているように見える。しかし、時代や形態が異なっていても、人間が自然を活用して作り上げたものなのではないだろうか。だから、根本が同じところにあるとも言える。「自然が持つ多様な機能を賢く利用すること」がグリーンインフラの定義であるとすれば、日本庭園はその代表例として取り上げることもできよう（グリーンインフラ研究会ほか編 2017）。

しかし、これまでの日本庭園は主に芸術や歴史的なアプローチ、作者論と様式論と意匠論の中で語られてきたので、独立した美術品として認識されても、地域社会の一つの構成要素、ましてや自然環境の一部として捉えることは極めて稀である。もちろん、文化財として地域の活性化や復興に貢献することはあろうが、そこに認められるのは芸術的あるいは歴史的な価値であり、生態系として、また生物多様性の保護地区として、言い換えれば自然環境の保全や管理にかかわる機能をもつ措置として再考する試みがほとんどないのも現状である。だから、「日本庭園」と「グリーンインフラ」の間のギャップというのは、物理的な問題であるよりも、捉え方や認識の問題なのではないかと、私は思う。そのパラダイムはどこから来たのか、また乗り越えることができるのか。「グリーンインフラ」は「日本庭園」に学ぶことができるのか。逆に、「日本庭園」は「グリーンインフラ」に学ぶことができるのか。現段階では、これらすべての疑問に答えることができないが、新たな見解を示したいと思う。そのために京都の東山山麓、南禅寺界隈と岡崎周辺という興味深い事例を取り上げよう。

3　様式重視の日本庭園史

千年以上の歴史を誇る都、京都に残る多くの日本庭園はこれまでにたくさんの研究書や一般の読者向けの出版物などで紹介されてきた。とりわけ、南禅寺境内に現存する庭園とその前身になる亀山上皇の離宮、禅林寺殿（現・南禅院）が早くから専門家の注目をひいた。じつは、京都市内で初めて史跡及び名勝に指定されたのは南禅院庭園である。「史蹟名勝天然紀念物保存法」という保護制度が施行された4年後の大正12年（1923）のことで、全国的にみても早い事例である。当時の指定解説文の中で次のように評価されている。「（前略）幽邃ナル雅趣ヲ添ヘ古代庭園ノ風致歴然タルアリ儘シ本邦屈指ノ古庭ナリ」。当然のごとく、ここでは「史蹟名勝天然記念物保存法」の規制に従って、南禅院庭園の芸術的な価値（幽邃、雅趣、風致）と、学術的な価値（本邦屈指ノ古庭）を強調している。

指定された15年後に、南禅院庭園は歴史家であり、また作庭家でもあった重森《しげもり》三玲《みれい》（1896-1975）の大作『日本庭園史図鑑』で紹介された（重森 1938）。これはいろいろな意味で画期的な本となった。１９３６年から１９３９年までのたった3年間で全国の３００庭園以上を調査し、26巻でまとめたという超人的な業績はよく知られているが、その膨大な作業量以上に、重森は古代から近代までの庭園を時代順に並べて、様式ごとに分類することによって、日本庭園の通史の定番を作ったことが注目に値する。文献研究と実測調査に基づきながら、各時代の庭園の作者、様式、手法、鑑賞法などを分析した。それぞれの庭園の実測図を残したこともまた意義深い。正確さや客観性に欠けているという批判を受けながらも、この『日本庭園史図鑑』は当時の造園界に強い衝撃を与えたことも、現代の庭園史の基礎資料となったことも、今となっては誰もが認める事実である。

南禅院庭園を紹介する時、重森はまず作庭年代と作者について詳しく述べた。名手の夢窓疎石（1275-1351）作という言い伝えがあり、また江戸時代に作り直されたという説もあったが、重森は両方を否定した。後世の改造を認めながらも、初期の亀山上皇の離宮の地割がよく保存されていることから、南禅院庭園は名勝指定文に暗示されているように、亀山天皇（1249-1305）の作とみるべきだと解釈した。

重森は南禅院庭園を「池泉鑑賞式庭園」として分類し、類例を取り上げて比較研究をした。その結果力強い滝石組と、鶴島亀島などの蓬莱石組を施すところと、地山の岩をそのまま利用した心字池には新しく石を取り入れなかったところに「当代庭園の手法」が読みとれると述べた（77-78頁）。とにかく、日本庭園を体系的にまとめ、時代順に分類するのに、作者と作庭年代、また様式と手法を明確にすることが重森の第一の目的であったと言える。

南禅院庭園以外に、重森は江戸初期に作られた塔頭、金地院庭園や南禅寺方丈庭園、または近代に作られた天授庵庭園、無鄰菴庭園、平安神宮神苑、碧雲荘庭園などと、南禅寺界隈の主要となる庭園を個別に取り上げた。それぞれの学術的価値（作者論、年代測定）と芸術的価値（様式論、鑑賞法）をあきらかにしながら、日本庭園という独立した作品を美術史の中で位置付けようとした。それは当時の緊急課題であったと思われるが、時代を超えて、それらの庭園が地域とどのように繋がり、またどの関係にあったのかという問題意識はなかった。

4　地形重視の日本庭園史

重森の次に、庭園史界に大きな影響を与えたのは森蘊《もりおさむ》（1905-1988）である。文献研究と実測調査という研究方法は重森とよく類似しているが、森は現地調査の際に必ずレベルを測り、地形測量をおこなった。その結果、平面図には建造物と地物の間隔だけではなく、地形の起伏まで表現できるように等高線を精密に描いた。また、発掘調査という、考古学の研究成果を考慮に入れたことが決定的な違いと言えよう。

南禅院庭園の場合、森は発掘調査ができなかったが、まずは文献研究に基づいて作者について論じた。森は、夢窓疎石でも亀山上皇でもなく、「仁和寺菩提院の了遍僧正の可能性は充分あり得る」と指摘した（森 1960:86）。決定的な資料がないので断言することはできないが、重森が亀山上皇という、いわゆる現場監督のような人を「作者」として取り上げたのに対して、森は了遍（1223-1311）という石立僧、いわば施工担当者を「作者」とするところが興味深い。作らせる側と作る側、どちらが「作者」になるのかという問題はあるが、亀山上皇であろうが、了遍であろうが、13世紀後半に作られた庭であるという見解に相違はない。言い換えれば、資料の解釈が異なっていても、作者の推定は築造年代の測定に繋がるという認識は共有していた。

先述したように、古庭園や庭園遺構の立地と自然地形に細心の注意を払って「復原的研

図１　重森三玲による南禅院庭園図

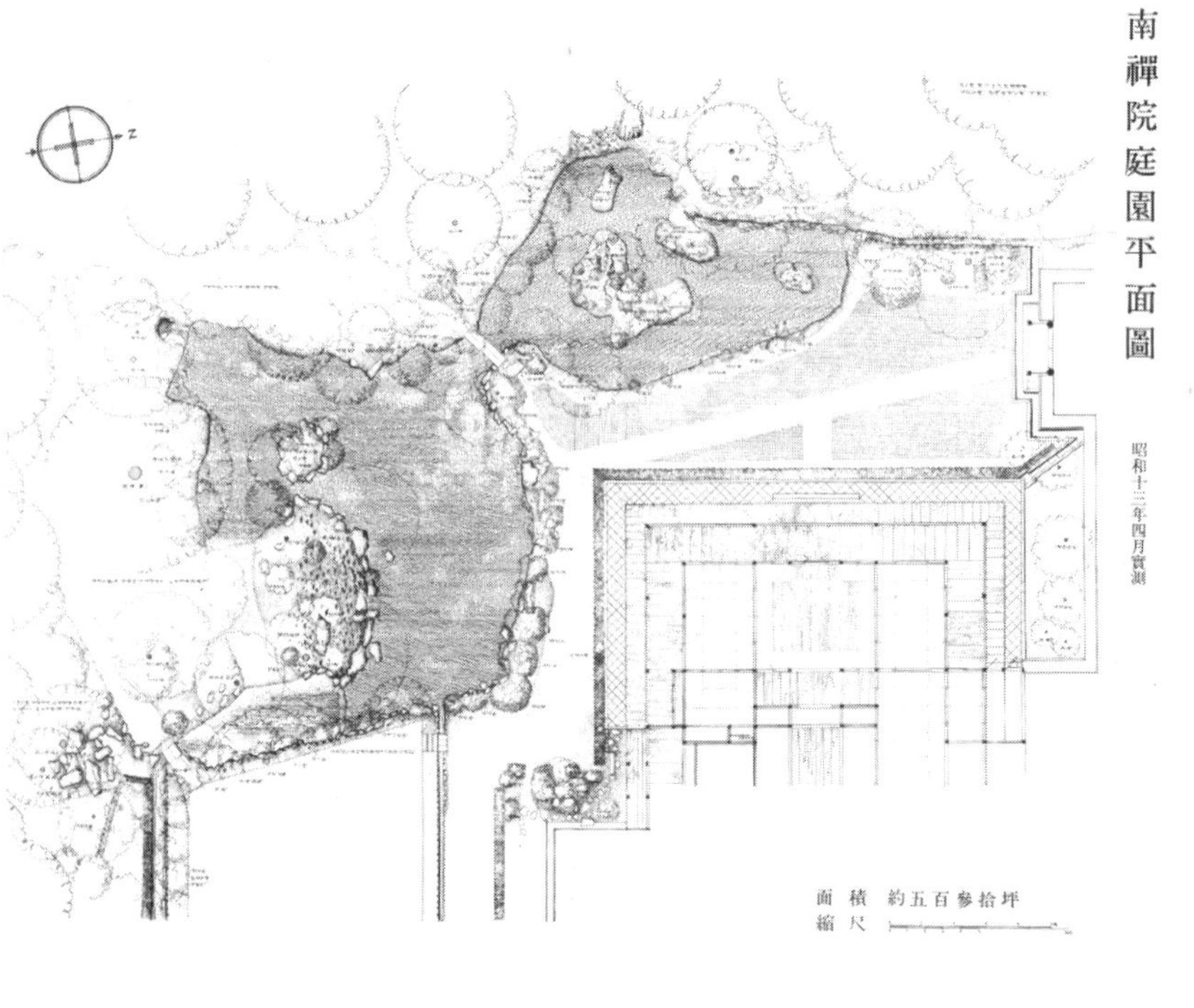

究」を試みたことが、森の庭園研究の特徴である。南禅院庭園においても、森は精密な地形測量をおこなったうえで、園池の変遷について新たな見解を述べた。南禅院庭園は東山山麓から湧出する水を利用しているが、元々は「上下二段の池庭から成立していたが、現在では上段の池は山側から押し出された土砂で埋まり、下段の池のみとなっている」。また「下段の池も、（中略）建物寄りの部分が一部埋め立てられその面積がかなりせばまった」という結論に至った（森 1974:236）。

重森は現存する庭園遺構から、初期の構造と鑑賞法（池泉鑑賞式庭園）、またそこに潜まれた意味（蓬莱石組・心字池）を読み取った。一方で、森は地形に刻まれた過去の跡（上下二段の池庭）を探りながら、庭園の造営当初とその変遷を辿ろうとした。はるか昔に想いを馳せて、庭園の作庭当初という一つの理想像を描こうとするところは共通しているが、森はさらに研

図２　森蘊による南禅院庭園図（奈良文化財研究所蔵）

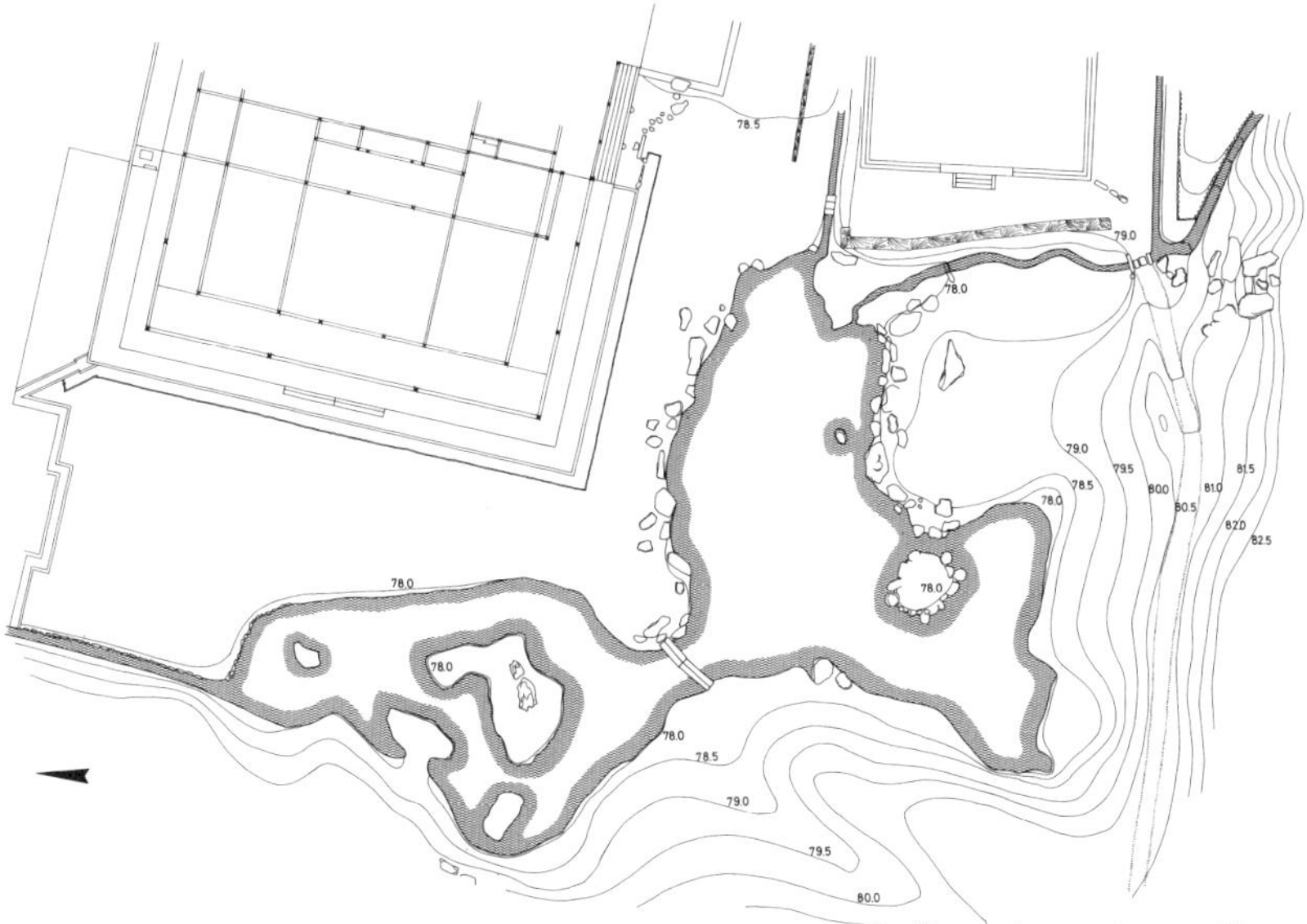

究を深めて、自然地形と水の利用に焦点を当てた。もちろん、森が地形を切り口にしたのは、自然多様性の保全や、防災・減災などのような環境問題の対策を考えるためではなかったが、森の研究の中に、日本庭園は大きな排水施設であるということが暗示されている。グリーンインフラの専門用語を使えば、日本庭園は大きな雨庭であるとも言える。

重森と森が残した実測図を比較してみれば、それぞれの庭園観の違いはあきらかであろう（図１・２）。前者は調査時の庭園の状態、いわゆる現況を記録するために、できるだけ多くの情報（建造物の間取、石の形、樹種と樹形など）を盛り込んだ。逆に、後者は植栽を排除し、つまり、あえて情報を減らすことによって建造物と地形地物（高低差と石）との相互関係を浮き彫りにした。特に、５㎝単位で等高線を描くことによって、庭の起伏を表現した。重森が描いたのは「現況図」であるとすれば、森が描いたのは「地形図」と名付けてもよいであろう。しかし、両者が描かれる範囲はほとんど変わらない。重森と森の研究は文化財に指定された「南禅院庭園」の枠に留まり、学術的価値と芸術的価値に重点をおく。南禅院庭園が南禅寺境内、さらに東山山麓に作られた多くの庭園の中にどう位置付けられるかという問題は念頭に入らなかった。

５　水のネットワーク

日本庭園史研究において、初めて広範囲に視野を広げようとしたのは尼﨑博正であろう。尼﨑は庭園の主な構成要素、とりわけ石材と水系に注目した（尼﨑 2002）。石材の調査は石種石質の鑑定だけではなく、その産地と運搬の方法にまで厳密に調べたことに特異性があると言えよう。庭石の収集と移動範囲の考察をとおして、石材の文化圏やその形成過程、庭園の地理環境や当時の社会状況など、様々な問題を取り上げることになった。とにかく、これ

図 3　尼崎博正による南禅寺界隈疏水園池群の水系構造

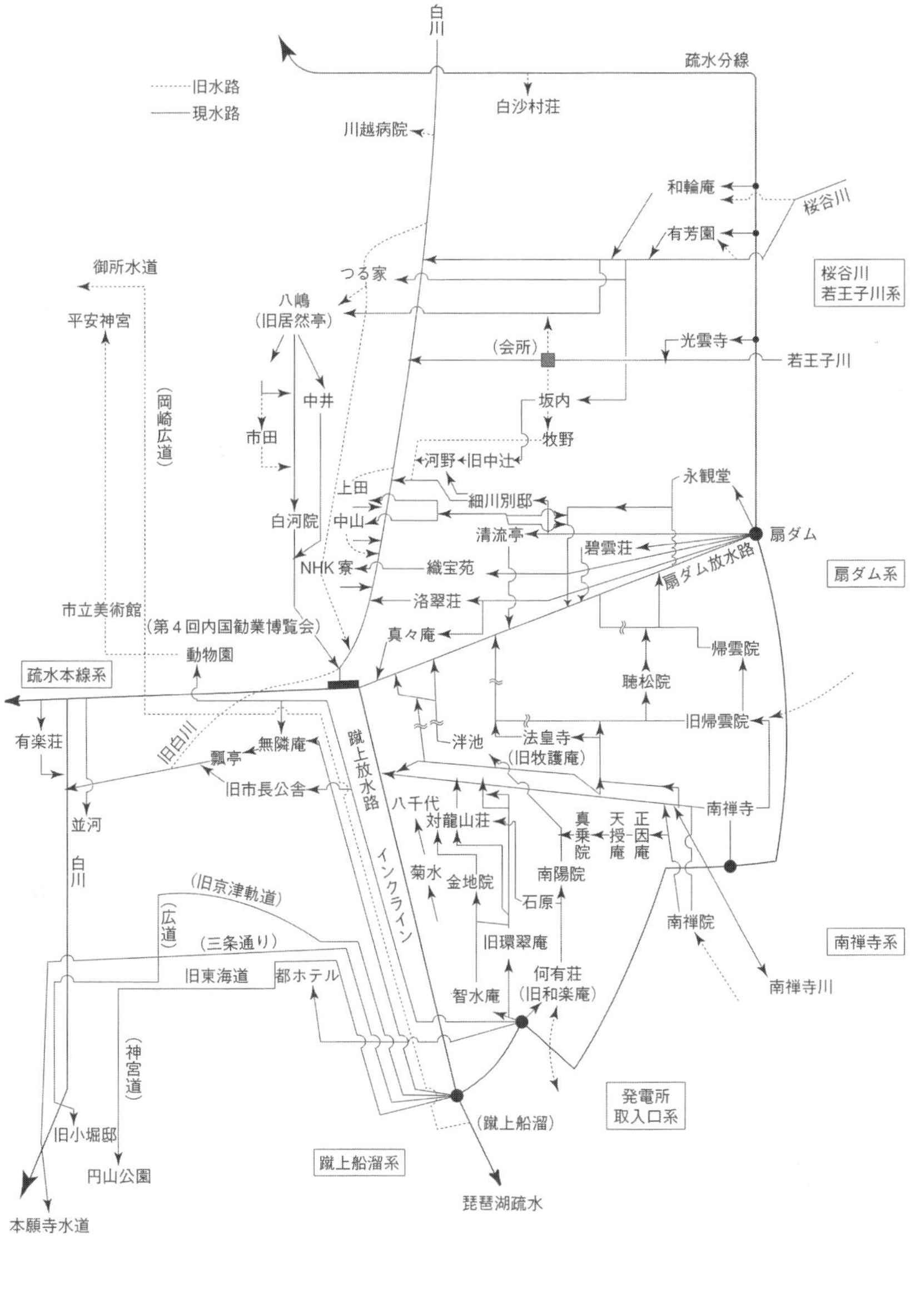

までの日本庭園史研究と一線を画する方法で、尼﨑は囲まれた空間という庭園の伝統的な枠を越えて、地域にみられる庭園の分布とそれらを繋ぐ水のネットワークに光を当てた。

ここで分析している南禅寺界隈と岡崎周辺はまさに、尼﨑のフィールドワークであり、またライフワークでもある（尼﨑編 1990、尼﨑 1992、尼﨑 2012）。その中でも、尼﨑は近代日本庭園の先覚者、植治こと七代目小川治兵衛（1860-1933）によって作られた別荘庭園群と、それらを網羅する琵琶湖疏水に集中した。個別の庭園の詳細に関して、尼﨑は専任者が作った実測図を参考にしたが、この地域の網状構造を表現するために「南禅寺界隈疏水園池群の水系構造」（図3）という水系図を提示した。植治が作った別荘群の庭園の共通点は、琵琶湖疏水の利用だけではなく、琵琶湖疏水によって明治から大正期にかけて多量に運搬された守山石（琵琶湖西岸産地）の採用でもあると尼﨑が強調した。こうして、研究対象と距離をおくことによって、京都の近代化とともに、南禅寺界隈と岡崎周辺に形成された別荘庭園群全体の輪郭をあきらかにした。斬新な研究成果はすぐに注目を浴びたが、尼﨑の研究は範囲を広くしても、その目的はあくまでも一人の作者、植治こと七代目小川治兵衛の美術評論が主であり、結局従来の日本庭園史研究、特に作者論や意匠論の延長線上にあるとも言える。完全に脱却していなくても、尼﨑の研究は新たな道を切り開いた。

6　生物多様性の保護区

絶滅危惧種に指定されているイチモンジタナゴという在来魚が平安神宮神苑に生息していることが、１９９５年の調査でわかった（伊藤・森本 2003）。琵琶湖では激減した魚が疏水から流れて、平安神宮の池に定着したのである。１００年以上前に造営された日本庭園は現在、植物多様性の保護地区になっているということで改めて脚光を浴びた。これまでの日本庭園の研究とはまったく異なるアプローチであった。歴史的な研究では、人間（作者）が造った形（様式や意匠）とその構成要素（水と石）が主題であったのに対して、ここでは庭園という環境に棲む生物たちが研究対象になっている。言い換えれば、庭を一つの美術品として鑑賞（批評）するのではなく、庭を一つの生態系として調査することである。

２０１３年刊行の『京都岡崎の文化的景観調査報告書』の中に、これまでの研究がまとめられた（奈良文化財研究所文化遺産部景観研究室（編）2013）。その際に「京都岡崎の文化的景観全覧図」という一枚の絵が作成され、南禅寺界隈と岡崎周辺という地域の新たな見方が提案された。そこには、琵琶湖から東山山麓の自然地形や河川とともに、それらを活かしながらつくられてきた暮らしの姿が描かれている（図4）。縮小されているが、そこに南禅院庭園も、南禅寺方丈庭園も、金地院庭園も、無鄰菴庭園も、平安神宮神苑も、いわゆる岡崎と

図４　京都岡崎の文化的景観全覧図

南禅寺界隈の庭園群は余すことなく厳密に描かれている。先に取り上げた重森の現況図と、森の地形図と、尼崎の土地利用図と水系図の集大成である。一枚の絵の中に地域に混在する多くの要素を取りまとめ、それぞれの関係性をわかりやすく紹介している。こうして、学術的価値と芸術的価値に限らず、地域の特徴を浮き彫りにし、過去と現在、伝統とイノベーションを繋げようとする。

その2年後の２０１５年に「京都岡崎」は国の重要文化的景観に選定された。その際は「白川の扇状地の利点を最大限に活用し、古代から中世には寺院群、中世から近世には都市近郊農業、近代には琵琶湖疏水の開削に伴い文教施設や園池等が展開するなど、大規模土地利用を経た京都市街地周縁部における重層的な土地利用変遷を現在に伝える」地域であるということが評価された。[1] 名勝や特別名勝、史跡などに指定されている庭園の範囲を超えて、文化的景観は人の営みによってつくり出された景観を一体的に捉えよう、いわば地域の自然と、歴史と、人の生活や生業を鳥瞰する試みである。

7　「自然が持つ多様な機能を賢く利用」して作られた日本庭園

じつは、京都岡崎よりも5年も前に「金沢の文化的景観　城下町の伝統と文化」がすで重要文化的景観に選定された。その特徴は次のように概括されている。「我が国における城下町発展の各段階を投影した都市構造を現在まで継承し、街路網や用水路等の諸要素が現在の都市景観に反映されるとともに、城下町が醸成した伝統と文化に基づく伝統工芸等の店舗が独特の界隈を生み出す貴重な文化的景観である」。[2] ここでは「庭園」という要素が取り上げられていないが、用水路が街中に編む水のネットワークの重要性を強調することから、辰巳用水と兼六園や玉泉院庭園との関係、または大野庄用水と武家屋敷の庭園群との関係は想像に難くないであろう。時代は異なっていても、その構造は琵琶湖疏水と東山山麓の庭園群ともよく類似していることはまた興味深い。

金沢と京都の「水のネットワーク」と「庭園群」はいずれも過去に作られたものでありながらも、現在の人の暮らしを支える重要なグリーン・インフラであるとも言えるのではないだろうか。こうして、日本庭園と地域との関係性を考えなおしてみれば、過去と現在、伝統とイノベーション、様式とビオトープなどが繋がり、未来のための新たな可能性が生まれてくる。水路も無論のこと、日本庭園に利用されている材料や、そこに生息している生物などの精密な調査ができれば、きっと新たなネットワークを発見し、地域との有機的な関係を見いだすこともできると思われる。

結局、日本庭園とグリーンインフラは相反するものどころか、相補的な存在であるということがわかった。将来のグリーンインフラは「自然が持つ多様な機能を賢く利用」して作られた日本庭園から学ぶことはたくさんあるだろうし、歴史的な日本庭園の持続可能な発展のためには、グリーンインフラの観点も重要であろうが、それは今後の課題にしたい。

引用文献

尼﨑博正（編）（1990）『植治の庭　古川治兵衛の世界』淡交社

尼﨑博正（1992）『石と水の意匠　植治の造園技法』淡交社

尼﨑博正（2002）『庭石と水の由来―日本庭園の石質と水系』昭和堂

尼﨑博正（2012）『七代目小川治兵衛―山紫水明の都にかへさねば』ミネルヴァ書房

グリーンインフラ研究会・三菱ＵＦＪリサーチ＆コンサルティング・日経コンストラクション編（2017）『決定版！グリーンインフラ』日経ＢＰ社

伊藤早介・森本幸裕（2003）「野生魚類の生息環境としての園池」『ランドスケープ研究：日本造園学会誌』66巻5号
京都市文化市民局 文化芸術都市推進室 文化財保護課
奈良文化財研究所文化遺産部景観研究室（編）（2013）『京都岡崎の文化的景観調査報告書』
森蘊（1960）『日本の庭』朝日新聞社
森蘊（1974）『日本の庭園』集英社
重森三玲（1938）『日本庭園史図鑑　鎌倉吉野朝時代　下』有光社

注

（1）国指定文化財等データベース」より抜粋。
（2）指定文より抜粋。金沢の文化的景観については次の参考文献も参照。金沢市（2009）『「金沢の文化的景観　城下町の伝統と文化」保存計画書』金沢市

第三部
グリーンインフラから社会を創る

第7章　グリーンインフラの順応的ガバナンスに向けて

菊地　直樹（金沢大学）

1　はじめに

グリーンインフラとは、自然に備わっている多面的な機能に注目し、それらの多様な活用方法を生み出すことで、さまざまな価値を創り出し、持続可能な社会を実現しようとする新しい考え方である。足元にある自然には、私たちが気付いていなかった力がある。そうした力をうまく資源として活用して、持続できる豊かな社会を創ろう。グリーンインフラにはこうした発想がある。

自然の多面的な機能を活用するのは、私たち人間である。グリーンインフラは、誰がどのような自然とどのようにかかわっていくのかという「社会的営み」としてとらえるべき問題なのである。では、どのような人たちがかかわってくるのだろうか。まず思い浮かぶのは、自然保護に興味ある人、研究者、行政関係者たちだ。もっと多様な分野の人たちまで拡がっていくに違いない。たとえば、第4章と第6章で紹介した日本庭園をグリーンインフラと考えてみると、その所有者もかかわる人たちになる。観光客やボランティアもそうだし、アート関係の人たちもかかわってくるかもしれない。新たな視点から自然に光をあてることは、新たな人たちが自然にかかわっていくことを意味している。グリーンインフラの魅力の一つは、これまでかかわりがなかった人たちの自然とのかかわりを創るところにあるのだろう。異なる価値や関心をもつ新たな人たちがかかわることによって、自然の新たな側面を見出す可能性が高まっていく。

ただ問題なのは、異なる人たちのつながりは、必ずしもうまくいくとは限らない、ということだ。時には相反する主張を持つ複数の人たちがかかわるようになるからだ。ある人はこういう。「自然は地域経済を活性化するための資源である」と。ある人は「自然そのものを守っていくことが何よりも大事である」という。かかわる人たちは多様化し、自然の価値もまた多元化し、絶えず変化していく。したがって、異なる考え方をもつ人たちの協働をどのように創り出すかが課題となるのだ。

科学が答えを出せるなら、協働の道筋ははっきりする。いかに正解を理解してもらうかという普及啓発の問題として考えればいいからだ。ただ、科学は必ずしも明確な答えを出してくれるわけではない。日進月歩で進歩している科学でも、わかることは限られている。まして自然の多面的な機能を評価しようとすると、とても複雑なものを扱うことになり、わからないことが格段と増してくる。結局のところ、多様な人たちが知識や知恵、技術、経験などを持ち寄って、社会的に決めていくしかないのである。

大事なことは、見通しがなかなか立たなくても、多様な人たちの協働によって、自然の多面的な機能の活用に向けた活動や政策をつくっていくことである。本章では、「不確実性のなかで価値や制度を柔軟に変化させながら試行錯誤していく協働の仕組み（宮内 2017:10）」である「順応的ガバナンス」の考え方に基づいて、多様な人びとの参加によって、自然の多機能性を活用し、多様な価値をうみだす活動の創出や政策形成に向けたポイントを示したい。

２　多目的なものを多目的に解決する

明治以降の国土計画や行政の仕組みは、社会資本の一つひとつの機能で最大限の効果を発揮しようという意味では、非常に効率的であった（グリーンインフラ研究会ほか編 2017:373）。たとえば、川を洪水を早く流すという単機能に特化した空間へと変えることによって、効率的に治水を実現しようとしてきたのである。空間の単機能化による「効率性」の追求である。この発想は自然や環境、社会の個別性の捨象、つまり現実を単純化することによって成り立つ。

２０１５年、国連はＳＤＧｓ（Sustainable Development Goals）、すなわち持続可能な世界を実現するための目標をまとめた。掲げられた17の目標には、健康と福祉、教育、ジェンダー、不平等、公正、弱者の参加など、環境問題に関係なさそうなものも羅列されている。しかし、そうではない。環境問題は自然と社会のさまざまな問題の複合体であり、したがって持続可能な社会のゴールは多様であり、それぞれのゴールはお互いに関係している。ＳＤＧｓとは、問題を一つひとつに単純化して、効率的に解決しようとするのではなく、複雑な問題を包括的に解決しようとするアプローチといえよう。

持続可能な社会に向けた問題が複雑化したなか、自然の価値や意味を単純化してしまうと、多様な現実との齟齬を拡大してしまうし、自然が有する潜在的な可能性を損ねてしまいかねない（丸山 2012:307）。つまり、自然の力をうまく資源として活用することが難しくなるのだ。第6章でみたように、グリーンインフラという視点から日本庭園を眺めてみると、庭園が多目的な空間として新たな魅力を持ったものとしてみえてくる。これは一例にすぎないが、グリーンインフラが意味を成すためには、「多目的なものを多目的として解決する」計画論や技術論、そしてガバナンス論を確立し、活動、政策に反映させる必要がある。

グリーンインフラとは、多目的なものを多目的として解決することで、自然に備わっている力を活用し、持続可能な社会を実現しようとする方法論といえる。ただ、現在の行政政策や既存学問分野が大事にしている効率性を第一とする発想とは異なるので、既存の行政組織による推進体制や、学術の体制など様々な組織のあり方を見直すことが不可欠となる（グリーンインフラ研究会ほか編 2017:373-5）。

3　「柔らかい」ガバナンス

環境社会学者の丸山康司は、環境問題の解決に向けた管理の「堅さ」と「柔らかさ」について議論している。基本的に科学が答えを提供するのが「堅い管理」であり、複雑なものを複雑に解決するものが「柔らかい管理」である。丸山は不確実性が低い場合には、誰がどのように判断しても同様の結果になるので、確実な情報収集にもとづいて確実な対応を取る「堅い管理」が有効であり、不確実性が高い場合には、多様な人たちの協働による「柔らかい管理」が有効であるという（丸山 2012:301-304）。基本的に、学術体制が生産する知識は堅い管理の基盤となり、行政組織は堅い管理にもとづき政策をすすめている。

これまでの議論してきたように、グリーンインフラに必要なのは、多様な人びとの協働によって解決を目指す「柔らかい」管理の視点である。丸山の議論をもとに、グリーンインフラの順応的ガバナンスのポイント整理を試みた。まず、グリーンインフラによる問題解決は協働によってすすめられるが、多数の答えがあることを前提にして、多くの人たちが「なるほど」と思える納得の落としどころを見つけることが、その根拠となる。

次に問題解決の進め方が「順応的」であることである。いいかえると試行錯誤を保証した進め方である。単一のしくみに任せないで、複層的なしくみに任せること、あいまいな領域を確保し、試行錯誤ができるようにしておくこと、新しい人たちの参加を受け入れ、好きなように動いてもらうことによって、硬直化を防ぎ、しくみを動かし続けることができる（宮内 2012:23）。

さらに価値基準が「多元的」であることである。まず状況に応じて、手法も担い手も目標も変えていくという「柔軟性」。次に「固有性」。たとえば生物多様性の場合、地域の固有性は顕著である。同一の生態系は存在しないし、似ていても、そこにかかわる人びとは異なっている。同じ自然物から人びとが見いだす価値も同一ではない（丸山 2012:304）。環境を改変しても、元に戻せる可能性を残す「可逆性」。田んぼを宅地に変えたら、田んぼに戻すことは非常に困難だ。しかし、ビオトープなら将来田んぼに戻すことはできるかもしれない。可逆性を基準にすると、さまざまな変化に対応出来る選択肢を残すことができる。さらに地域の人びとの「主体性」。グリーンインフラとは、地域の人びとが地域の自然を使いこなすためのものなのである。もちろん「効率性」も重要な価値の一つである。多目的なものを多目的的に解決するためには、効率性も含めた複数の価値を顕在化させ、多様な人びとの価値観を重視することが重要となる（丸山 2012:310）。

そして「問題解決の手段」である。経済的インセンティブなどで誘導する認証制度や社会運動によって参加をうみだすことなどが考えられる。さまざまな人たちが共感できる物語を創る「物語化」のプロセスが重要となる。地域の自然にかんする物語が創り出されることで、都市の消費者の共感を呼び込み、消費やファンの獲得につながり、農山漁村の新しい経済のベースになりうる。私が長年かかわっているコウノトリの野生復帰を例として取り上げると、「コウノトリは田んぼなど人里にすむ里の鳥である」→「コウノトリが暮らせる環境は人間にとってもいい環境である」→「その環境をつくっているのは農家である」という物語によって、多くの人たちの共感を呼び、農産物のブランド化（認証制度）につながっている。物語化と呼ぶのは、起承転結のある物語という形式をとることが多いからである（菊地 2016:184-185）。

4　グリーンインフラの順応的ガバナンス

これまでの議論をまとめたのが図1である。自然の多機能性を発揮するためには、①問題解決の進め方としての試行錯誤とダイナミズムの保証、②価値基準の多元性（たとえば柔軟性、固有性、可逆性、主体性、効率性）、③問題解決の方法としての物語化による社会的しくみ（認証制度や社会運動）の構築という三つの要件を重視して、協働によって活動のプロセスを順応的に動かしていく。このプロセスを動かすことによって自然の多機能性から、多元的な価値を創出し、持続可能な社会の実現を目指していく。

図1　グリーンインフラの順応的ガバナンス

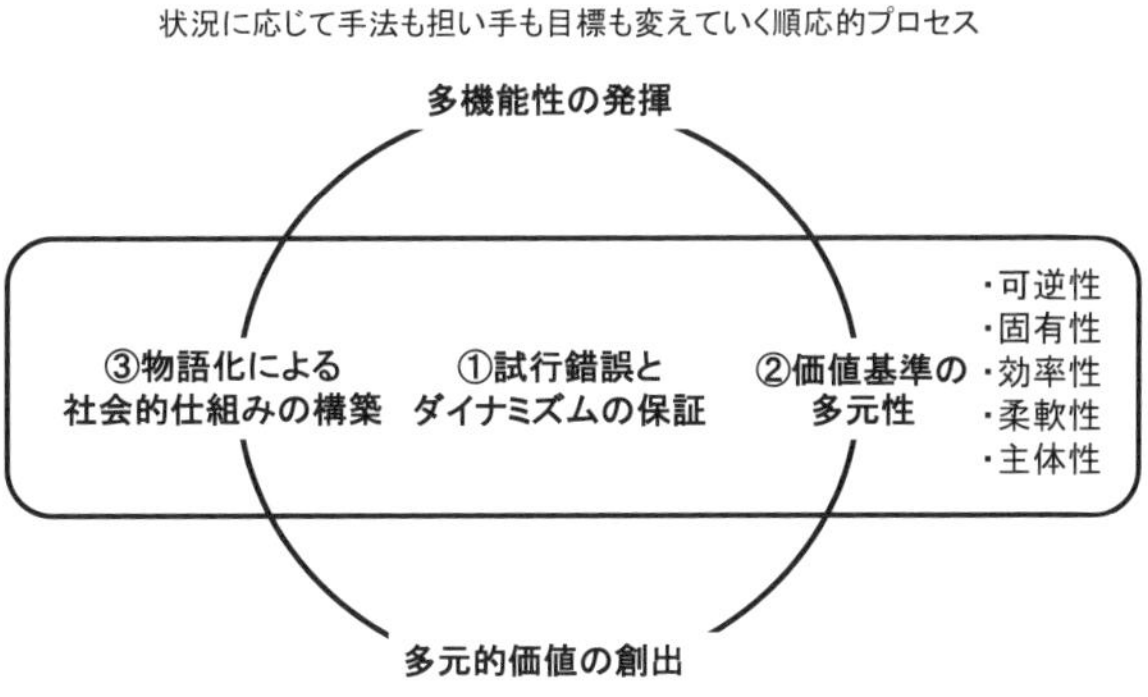

5　グリーンインフラとしてのコウノトリ

次に具体的な事例から考えてみよう。

まずは、私が長年にわたってかかわっているコウノトリである（写真1）。生態系のトップに位置する生きものであるコウノトリが、人と自然の関係の大きな変化により国内で絶滅したのは、1971年のことであった。現在、国内最後の生息地であった兵庫県但馬地方では、コウノトリを飼育下で繁殖させ野外に戻していくコウノトリの野生復帰が進められている。コウノトリの生息環境は、田んぼや里山といった人との多様なかかわりによって維持される環境である。したがって、コウノトリの生息環境の再生とは、人と自

写真１　田んぼの上を飛翔するコウノトリ（著者撮影）

然のかかわりの再生にほかならない。兵庫県と豊岡市といった行政、兵庫県立コウノトリの郷公園という研究機関、ＮＰＯ、農協、農家などさまざまな組織や人が協力しながら、「コウノトリが棲める環境は、人にとってもいい環境」を創造する取り組みをすすめている。２００５年に5羽のコウノトリが野外に放たれ、２０１８年現在、１４０羽程度が生息するに至っている。

コウノトリ育む農法

環境創造の代表的な取り組みとして、農家、農協、豊岡市と兵庫県という行政、研究者の協働によって開発されている「コウノトリ育む農法」（以下、育む農法）を取り上げよう。化学農薬・化学肥料の削減という安全・安心な技術、深水管理・中干し延期・早期湛水・冬期湛水という水管理、魚道・生き物の逃げ場の設置、ひょうご安心ブランド等の取得などを要件とする。育む農法の考えは、コウノトリが棲める環境づくりに寄与することで生産物に高付加価値がつき、高付加価値がつくことで農業が維持されるというものだ。ＪＡ但馬は１・２から１・６倍程度の高値で米を買い取り、安心・安全を求める消費者が購入している。

育む農法に特徴的な水管理の方法を紹介しよう。慣行農法のやり方で6月下旬に田んぼから水を抜く中干しをすれば、田んぼのオタマジャクシは干上がって死んでしまう。育む農法では、農家の人は毎日田んぼへ行ってオタマジャクシを観察し、カエルに変態したと判断してから水を落とす。もちろん田んぼ一枚一枚によって状況は違うので、対応も異なる。田んぼの固有性を重視した技術の柔軟性とそれを使う農家の主体性によって生きものが生息できる環境を創造していくのだ。私が行った聞き取り調査では、この農法に取り組む農家の人たちは、田んぼの生きものをよく観察するなど、生きものや自然に対する目線は、大きく変わっていることが明らかになった（菊地 2016:163-164）。

グリーンインフラの順応的ガバナンスの視点から育む農法を考えてみよう。第一に農家、、農協、行政、研究者、ＮＰＯによる協働と試行錯誤によって農法が開発されている。第二に価値基準が多元化している。生きものとのかかわりを醸成する主体性、地域環境に依存し方法を変えていく固有性や主体性などもみられる。その一方で収量の減少や農作業の増加など効率性は下がる。このように効率性も含めた価値基準が多元化している。第三にコウノトリが生息する環境を創るのは農家という物語化を軸にした認証制度である。このことによって市場価値を高めている。

これらの要件が満たされることによって、米を生産に加えて生きものの生息環境という田んぼの多機能性が発揮されるとともに、消費者とのつながり、生きものの生息地、防災・減災、地域の土地管理など、さまざまな価値を創出するプロセスが動いている（図２）。

図２　グリーンインフラとしての田んぼ

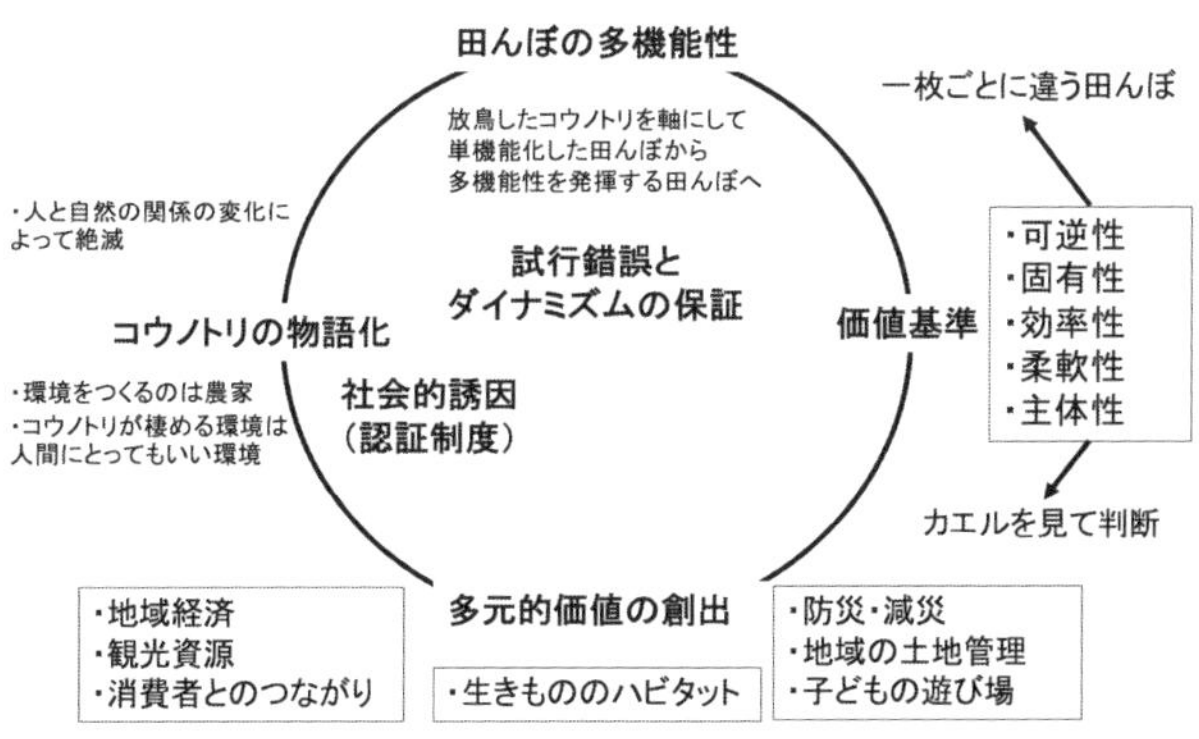

小さな自然再生

育む農法が拡大する一方で、田んぼの放棄が進んでいることも事実である。次に紹介するのは、コウノトリが飛来してきたことをきっかけに放棄された田んぼを湿地として再生している「小さな自然再生」の取り組みである。

豊岡市田結地区は、古くから半農半漁の生活が営まれていた日本海に面した小さな村である。減反政策や現金収入の必要性といった理由から、２００６年に全ての田んぼを放棄した。その二年後の２００８年、この村に72年ぶりにコウノトリが飛来した。この日を契機に、村人はＮＰＯやボランティア、研究者、行政といった多様な人たちとともにスコップ片手に「小さな自然再生」に取り組むようになった。

具体的な作業は「見試し」という考えに基づいている。スコップ片手の手作業やユンボなどを使いながら、田んぼのなかに畦を作り、湿地としていく。数時間から半日程度でできる作業を行い、修正点があれば改良を加える。こうした試行錯誤の小さな自然再生によって、放棄されていた田んぼは、コウノトリの生息地として蘇っていった。

この活動を支えるしくみはどのようなものか。村人から話を聞いてみると、以下のことがわかってきた。第一に私有地の共有地化である。田んぼという個人所有地の境界線が存在しないかのように取り去られ、コウノトリの生息地という視点にもとづく「みんなのもの」へと変貌している。第二に村総出の作業である。生息地づくりは、一部の人の取り組みではなく村の公的な取り組みと位置づけられている。第三によそ者の力の活用である。作業は村人に閉じられたものではなく、ＮＰＯや行政職員、ボランティア、研究者など外部の者にも開かれている（菊地 2016:230-232）。

この取り組みをグリーンインフラの順応的ガバナンスの視点から考えて

図３　グリーンインフラとしての田結湿地

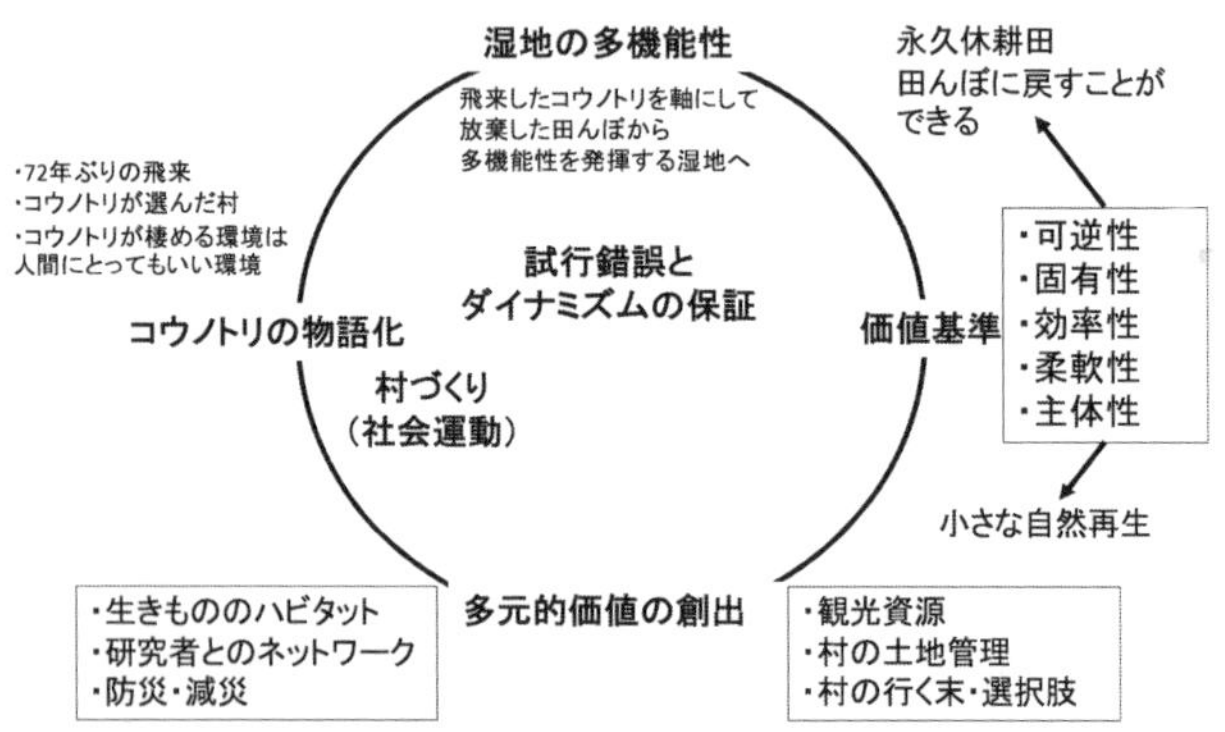

みよう。第一にＮＰＯやボランティア、研究者、行政といった多様な人たちとの協働によりすすめている。協働のプロセスのなかで、生きものや生態学にかんする新しい視点や知識を取り入れ、村の将来を考える時間と場所をつくっている。自分たちの地域を自分たちで考える時間と場所をつくっているのだ。第二に価値基準である。村人たちは、いつか戻すかもしれないという思いを込めて、放棄した田んぼのことを「永久休耕田」と呼ぶ。この思いに基づいて湿地づくりをしている。ここに可逆性を見出すことができる。村人たちが中心となって進めているという主体性、スコップ片手で試行錯誤しながら進めるという柔軟性も見受けられ、複数の価値が顕在化している。第三に72年ぶりのコウノトリ飛来とか「コウノトリが選んだ村」という物語化によって、小さな自然再生が社会運動的にすすめられている。

これらの要件が満たされることによって、湿地の多機能性が発揮されるとともに、研究者とのネットワーク、防災・減災、観光資源、村の土地の管理、村の将来を考える時間と空間といったさまざまな価値を創出するプロセスが動いている（図３）。

６　グリーンインフラとしての金沢の都市景観

次に金沢の都市景観を事例として取り上げてみよう。

１９６８年に制定された金沢市伝統環境保存条例は伝統環境を「樹木の緑、河川の清流、新鮮なる大気につつまれた自然環境とこれらに包蔵された歴史的建造物、遺跡等及びこれらと一体をなして形成される環境」と定義した。50年前に自然、歴史、文化を一体的に保存の対象とするグリーンインフラ的な発想が取り入れられていることに、その先進性をみることができる。その後、金沢市は景観にかんする各種条例を制定し、都市景観の守るとともに、

写真2　金沢の都市部を流れる用水（著者撮影）

創造をも進めてきた。
金沢の都市景観を特徴の一つである用水を取り上げてみよう（写真2）。金沢を流れる犀川と浅野川を源とする用水は、平野部に網の目のように張り巡らされ、各地に水が行き渡っている。用水数は55、総延長距離は１５０キロにも及ぶ。その一つ鞍月用水は金沢の観光地を流れ金沢らしい景観の欠かせない要素となっている。以前は道路や駐車場となって暗渠化されていたが、１９９６年に制定された金沢市用水保全条例に基づき開渠化された。大雨のときは内水対策の役割を果たし、冬は融雪や排雪に使ったりする。火事が起こった場合は消火に使う。第5章でみたように、用水はホタルなど生きもののホタルの生息地になってもいる。そもそも鞍月用水は灌漑用水であり、田んぼを潤し農村景観をつくってくれる。上流から下流へと流れてくるなかで、都市景観、内水対策、融雪・消火、生きものの生息地、灌漑、農村景観といったさまざまな価値を生み出している。鞍月用水土地改良区理事長は「用水とはまさに地域の血管」という。

図4　グリーンインフラとしての用水

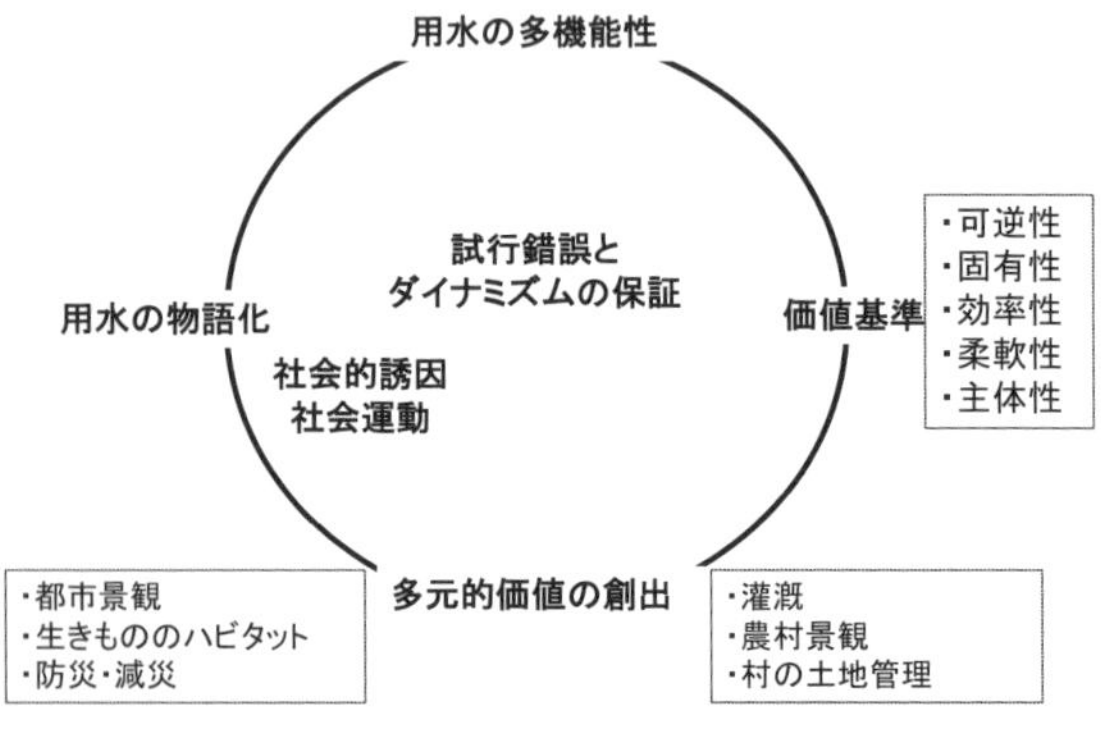

多様な機能を持つ用水を維持管理しているのは、農家が構成員である土

地改良区である。理事長はこのようにいう。「田んぼは最後の一枚まで自分が作らないといけない。でも、後継ぎがいないし、田んぼが重荷になって、自分の代でやめたいなというのも偽らざる気持ちだ。でも、緑を守ると言っているうちにその気になることもある」と。用水の管理を担っている地域や農家を取り巻く状況はなかなか厳しい。

ここからみえてくる課題は、さまざまな価値を生み出している用水を誰がどのように守り、活用していけばいいのか、というものだ。グリーンインフラのガバナンスの視点からすれば、第一に上流と下流という異なる人たちの相互の学び合いと協働が必要であろう。上流と下流のつながりを可視化、たとえば用水にかかわるコストとベネフィットを明らかにすることなどが考えられる。第二に新たな用水の価値の創出である。本章で検討したように、柔軟性、固有性、可逆性、主体性、効率性から考え直すことも必要であろう。第三に用水の新たな物語の創造である。上流と下流をつなぐ新たな物語をどうつくれるのか。これらの要件を踏まえながら、開かれた共同管理によってさまざまな価値を創出していく（図4）。

7　おわりに　都市景観を考えるポイント

最後に金沢の都市景観をグリーンインフラとして考えるポイントを示そう。

第3章で紹介した上野の事例は災害リスクと都市計画、第4章で紹介したイヴァールスの事例は空き地・空き家の再価値化と担い手の再編であった。これらは「変化する都市景観」というテーマとして考えることができる。第5章の飯田の事例は、用水に生息する生きものの視点からの市民のつながりの創出、第6章のマレスの事例は日本庭園の内と外であった。これらは「つながっている都市景観」というテーマとして考えることができる。本書で見えてきた具体的なテーマは、空き地・空き家、用水の新たなコモンズ（みんなのもの）として創造することである。

そのために、学術的そして実践的に「問う」ことは、都市景観を時間と空間という二つの変化の軸で考え、多機能性という視点から多元的な価値を創るための協働のあり方である。繰り返しになるが、そのためには①問題解決の進め方としての試行錯誤とダイナミズムの保証、②価値基準の多元性（たとえば柔軟性、固有性、可逆性、主体性、効率性）、③問題解決の方法としての物語化による社会的しくみ（認証制度や社会運動）の構築という三つの要件を重視して、協働によって活動のプロセスを順応的に動かしていくことが大事である。

本章で紹介したコウノトリは農村部の事例であり、金沢の都市景観とは、一見すると関係ないようにみえる。ただ都市景観は農村とつながっている。協働、重視する価値の問題、物語の創り方とその活用のあり方について、それぞれの事例から学び合っていくことが大事なのである。

引用文献

菊地直樹（2016）『「ほっとけない」からの自然再生学：コウノトリ野生復帰の現場』京都大学学術出版会

グリーンインフラ研究会・三菱ＵＦＪリサーチ＆コンサルティング・日経コンストラクション編（2017）『決定版！　グリーンインフラ』日経ＢＰ社

丸山康司（2012）「持続可能性と順応的ガバナンス：結果としての持続可能性と「柔らかい管理」」宮内泰介編『なぜ環境保全はうまくいかないのか：現場から考える「順応的ガバナンス」の可能性』新泉社

宮内泰介（2012）「なぜ環境保全はうまくいかないのか：順応的ガバナンスの可能性」宮内泰介編『なぜ環境保全はうまくいかないのか：現場から考える「順応的ガバナンス」の可能性』新泉社

宮内泰介（2017）「どうすれば環境保全はうまくいくのか：順応的なプロセスを動かし続ける」宮内泰介編『どうすれば環境保全はうまくいくのか：現場から考える「順応的ガバナンス」の進め方』新泉社

付論1
国際シンポジウム「都市景観をグリーンインフラから考える：金沢市における活用と協働」報告

坂村　圭（北陸先端科学技術大学院大学）

２０１８年8月31日（金）、石川県政記念しいのき迎賓館にて、国際シンポジウム「都市景観をグリーンインフラから考える：金沢市における活用と協働」を開催した。本シンポジウムは、地域政策研究センター主催、金沢市、国連大学サステイナビリティ高等研究所いしかわ・かなざわオペレーティング・ユニット（OUIK）、一般財団法人エコロジカル・デモクラシー財団共催のもと、国内外の研究者が先進事例、金沢を対象とした研究を報告し、都市景観をグリーンインフラの視点からとらえ直し、今後の活用と協働のあり方を議論したものである。当日は、雨が降るなか85名が参加し、活発な議論が取り交わされた。

第2部ラウンドテーブルでは、会場からの質問に登壇者が答える形で、金沢の地域資源を、グリーンインフラとしてどのように活用していくべきか、そのため

ラウンドテーブルの様子

にはどのような人たちがどのような協働をするべきかという話し合いが行なわれた。なお金沢大学地域政策研究センターの菊地直樹がコーディネーターを務めた。

〈生き物や環境の豊かさがグリーンインフラの提供するサービスを支えるのであれば、グリーンインフラに、もっと積極的に生き物の増加や共生という目標を組み込む必要はないのか〉

図・付論1　プログラム

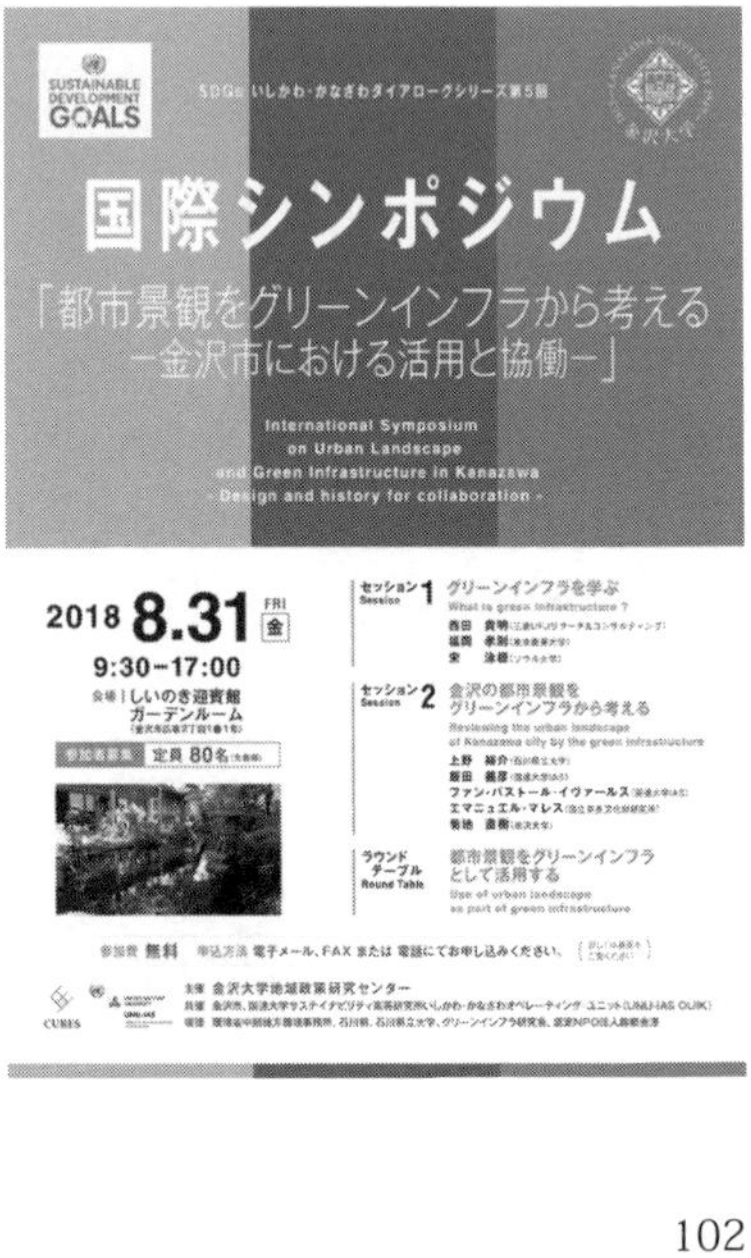

（西田）生物多様性の危機という枠組みでみると、人間活動の縮小による生物多様性の危機（第2の危機）、という影響が今後ますます大きくなると考えられている。つまり、自然が使われなくなることによる生物多様性の劣化が、全体で見るとかなり大きくなってくるという認識がある。そして、自然をうまく活用していくことが、この解決策の一つだと考えられ、その部分を強調する形で生物多様性が推進され、グリーンインフラという考えの提案に至った。生き物の増加という意味では、グリーンインフラは、自然の機能を強化することで、結果的に、生態系サービスを高くするものであるだろう。そして、その状態でおそらく生物多様性は豊かになっていると思われる。生態系サービスのトレードオフや生態系のバランスにはもちろん配慮しなければならないが、グリーンインフラを推進することで、全体として力がうまく引き出された自然の状態と本来持っている豊かな生物多様性が戻っていくことになると考えている。

（上野）生物多様性という語の意味を知っている人は、実際は全体の1～2割と非常に少ない。これまで私たちは、全体の８割強に当たる、あまり生物多様性に興味のない人たちに自然保護や生き物の価値を説いてきたが、自然保全に対して大きな進展がみられることは少なかった。そのため、自然を活用したら様々なメリットがあるということを前面に押し出して、その結果として自然を守るという形にアプローチを変えることとした。つまり、社会を豊かにするために自然を守り使っていこう、というロジックに転換したのである。

ただ最近は、より効果の高いグリーンインフラを整備することを目的に、例えば粘り強い木を植えることや、浸透性の高い土壌基盤の開発が進められている。この傾向が強まると、ある特定の機能や植物だけが育つ、生物多様性保全の観点からは、好ましくない環境となる恐れがある。だから、これからは多機能性の重要さを説くことが益々必要になってくる。多機能であるためには、様々な動植物や生態系があり、色々な使われ方が可能な環境が備わっていなければならない。そして、この結果として生物多様性を守り、活用する持続的なグリーンインフラができるのだと思う。

〈全く無関心な住民に対して、グリーンインフラのことや、自分が住む地域の特性、恵みや災害リスクを知ってもらうにはどのような方法があるか〉

（宋泳根・ソウル大学）素晴らしい文化的・歴史的な景観を守るのに異論がある人はほとんどいない。しかし、その考え方をすべての地域にまで広めていくのはとても難しい。すべての地域住民にグリーンインフラの考え方に共感してもらうには、まずはデータを整備していく必要がある。例えば、定量的で説得力のあるエビデンスや論理を整備して、グリーンインフラに対して説得力のある評価を行っていくことが重要となると思う。

（土肥真人・東京工業大学）人間はなぜかスチュワードしてしまう生き物である。例えば、家の前の道路に浸透升をつくる。この機能としては、水をすぐに排出しないで地下水を涵養するというものだが、そこに植物が生えてくると、なぜだか面倒を見たくなってしまう。そして、木が生えて鳥が来ると、それを毎日見て楽しくなる。そんな動物は、他にはいないと思う。そのような人間の性質がきっかけとなって、自然の世話をする人が増えて、水や食の循環が戻っていくのではないかと思う。

（上野）大きく分けると、見たこともない・感じたことのないものの大事さを頭で考えて行動できる人と、実際に体感しないと行動できない人がいると思う。佐渡でトキの野生復帰に関わる仕事をしていたときに、それまでトキは稲を踏み荒らす害鳥だから、増やさないでくれ、放さないでくれという意見が多かった。しかし、実際に自分の田んぼにトキが飛んでくると、そんなことを言う人は全くいなくなる。あんなきれいな鳥が来るのなら孫に見せたいと、採算度外視で有機農法に転換する人もいた。トキを見た瞬間に、人々の意識は変わる。自然や生き物の大切さを伝えることも必要だが、いくら言葉で伝えてもその大事さが伝わらない時には、形にして見せることが重要となる。そして、多くの人がその便益を感じたときに、初めて全体の動きとして大きな変化があらわれてくるのだと思う。

〈グリーンインフラの推進のためには、プライベートな場所の緑の創出や管理も重要だと思うが、どのようにすれば、このような緑を増やすことができるか〉

（福岡）場所に少し手を入れて変えていくことが大事だと思う。木１本植えるだけでもいい。ある意味で実験のようなことを繰り返していくと、そこから分かってくることもたくさんあるし、その動きがだんだん盛り上がってきたりする。どのようにしてその場所の自然をつくっていくかという問いに答えはないが、みんながいいと思える場所づくりに参加することや、そこで楽しいことをやるのが、最初の一歩として大切なことだと思う。

そのような活動が何となく伝わって、それが結果的に家庭の中の緑を増やすことにつながるかはまだ分からない。しかし、行政がよく行っている苗の配布や緑の教室だけでは、とても今の状況を変えることはできない。緑を植えることが目的ではないという考え方で、新たに興味を引く手法を試すことが重要ではないだろうか。

（イヴァールス）これまで日本は素晴らしい文化を育み、そして哲学を追求してきた。しかし、明治時代から洋風の文化が入ってきて状況は変わってきた。私には、なぜ今、日本のまちの中に面白くない緑が増えているのか理解ができない。問題は、日本人が自分たちの文化を忘れたことではないだろうか。今、日本庭園の価値がないように見られていること自体がおかしいと思う。今日、日本庭園の話をしたのは外国人ばかりだった。私は、金沢に住んで日本の造園を学んでいる。より多くの人に、もう一度、日本の文化を学んでほしいと思う。

（マレス）日本の明治以降の近代化は非常に著しいが、それでも日本人が日本の文化や心を全て忘れたかというと、そこには疑問がある。近代以降は、西洋の影響が全てで、西洋が悪いと簡単に片付けることも難しい。庭園の文化は、結局はお金持ちの文化で、一般的には恐らくそんなに普及していなかったのだろう。しかし現在は、これらの庭園が公共施設として一般の人に開放されていて、そこから新たに昔の人の知恵を学ぶことができているのだと思う。

一方で、今日の話の中で面白い事例だと思ったのは、狭い公道に街路樹が植えられないので、私有地に木を植えたという話であった。日本では、庭がない個人宅の周辺の路地に、私有地と同じように鉢植えを置いていたりもしている。公有地と私有地との境がほとんどない状態だが、それも一つの緑である。グリーンインフラとして考えられるかどうかは分からないが、このような緑との接し方は非常に面白いと思う。

最後に、コメンテーターの方々から、グリーンインフラという言葉がもたらす新たな可能性と、その実現に向けた今後の課題を、様々な視点から述べて頂いた。

岡野 隆宏（環境省）

日本で、グリーンインフラという考え方がとりあげられるきっかけとなったのは、自然の猛威によって大きな被害を出した東日本大震災だった。震災後に、防潮堤がどんどん作られていくなかで、このままでいいのかという思いが広がり、人は自然とどう向き合うべきかを、私たちは改めて考えなければならなくなった。まず、注目を浴びたのが、「生態系を活用した防災・減災（Eco-DRR）」という考え方である。これは、英語の「ecosystem based」が由来となるもので、その中心的な意味は、自然の地形を見ながら、人がどう暮らしていくのか、どういうところに住んでいくかを考えることにあった。

しかしこの考え方は、「自然からの災いをどう避けるか」ということだけに着目した際には、なかなか普及しなかった。そこで、「自然の恵みをもっと生かして地域づくりにつなげる」という発想が生まれるようになり、現在のグリーンインフラの考え方に近づいていく。いま環境省では、「つなげよう、支えよう森里川海」というプロジェクトを進め、森里川海の自然の恵みを生かしながら、地域を元気にして、社会・経済も向上させていくことに取り組みはじめている。

地域に資源がある、環境があるという視点に立って、それが全て人の暮らしや文化、経済を支えるインフラであるというように見直すと、いろいろと見方が変わってくる。一方で、グリーンインフラという言葉を用いて、自然の全てがインフラと考えるようにするならば、それを誰が管理して、誰が使うのかという議論も必要になってくる。つまり、金沢の魅力的な資源を、どう活かして、どう守っていくのか、ということを考えなければいけなくなる。金沢市街地の暮らしが用水によって支えられているという見方をすると、集水域という圏域の中で市街地がどういう役割を果たしていくべきかを考えることが重要となる。また、伝統工芸品が周辺地域の自然資源に支えられているならば、経済圏の中心として周辺地域に果たすべき役割もある。第五次環境基本計画で打ち出された「地域循環共生圏」は、地域の資源を活かした自立・分散型の社会を形成しつつ、特性に応じて補完し支えあう考え方で、地域の暮らしや文化を支えあいながら引き継いでいくという発想が求められる。そのような視点で、金沢のグリーンインフラが、様々な圏域の中でどのような役割を果たし、誰が支えていくのかを考えることが、グリーンインフラの社会実装に向けた議論をより一層深めていくのではないだろうか。

舟久保敏（国土交通省）

私見になるが、グリーンインフラという言葉には、良い面と悪い面の二つの側面があると思う。

まず、良い面としては、インフラという言葉を用いたことにより、自分たちの身近な生活につながる取り組みだということを意識させる点である。これまで、自然保全や公園緑地の整備と表現した際に、総論として反対を行う人はほとんどいなかったが、同時に積極的な活動を推進するものともならなかった。自然保全という言葉は、自然が豊かな地域に住む人にだけ関係する、どこか他人事だという印象を与えるものであったように思う。一方で、インフラという言葉は、全ての人に関わるというイメージをもっており、より多くの人の関心を引き寄せ、自らの問題として関わる人を増加させる可能性を持っている。

また、グリーンインフラという言葉には、自然の機能を生かす、活用するという視点も備わっている。これまでの、自然は侵すべきではない存在であるというイメージを、自然は身近な社会問題を解決するものであるというイメージに転換させるものだと思う。

一方で、インフラという言葉を使うことで、グリーンインフラは既存の道路や上下水道などのインフラと同じ土俵に乗ることになり、その定義や価値に曖昧さが許されなくなってしまった。これは、グリーンインフラの多機能性を述べる際に、どれくらいの量を作ると、どのくらいの効果があるのかという、定量的な評価を伴う必要性を生んだということである。

この課題を解決していくのは、やはり研究者の取り組みとなるだろう。しかし、そもそも多機能性というのは、実感としては分かるが、どこまで調べればいいのかという判断が難しく、どうやって測定するのかという方法も定まっていない。今日の話にあった、順応的ガバナンスや、金銭評価が難しい価値の認識などの学問領域を拡大していくことで、グリーンインフラの評価方法を新たに開発していくことが切に望まれる。

インフラという言葉には、専門家がつくって管理するというイメージがある。実際、グリーンインフラについても、大規模なものづくりや土壌の改善などの一部の整備に関しては、専門家の存在が欠かせない。しかし、管理のことを考えてみると、そもそもグリーンインフラは公共空間だけではなく、民有地の空間が非常に大きな役割を果たしていることに気づく。雨水貯留の浸透や緑が調和した景観形成は、公共空間だけで実現できるものではない。だからこそ、今後はもっと多くの一般の人々が携わるということが、大変重要となる。まちづくりに、これまで以上の市民の参加を促すという意味で、グリーンインフラは一つのいいきっかけになるだろうし、それこそが一番の貢献となるかもしれない。

島　敦彦（金沢21世紀美術館館長）

グリーンインフラは、これからもっと多くの市民に伝えていかなければならない、今まさに考える必要のある話題であった。しかし、この取り組みを金沢で始めなければいけないかと言われると、少し疑問が生じてしまう。それは、話を聞けば聞くほど、金沢には既にグリーンインフラと呼べるものが多く存在していると感じるためである。

むしろこのような取り組みは、まだグリーンインフラの要素が何もないような場所で提案したほうが、意味があるのではないだろうか。

この上で、今後、議論をより一層深めていかなければならないと感じたことが、グリーンインフラの考え方をいかに現実に落とし込んで、実現していくかということであった。この際に、福岡さんの話の中であった、暫定的なパブリックスペースの創出や、菊地さんの話にあった可逆性という考え方がとても重要になってくると感じる。これは、少し試しにやってみて、みんなが納得する経験を重ねていくことが、新しい考え方を浸透させていくのにとても有効だからである。

菊地さんのコウノトリが田んぼに降りてきたという話を聞いたときには、コウノトリがまるで芸術祭に訪れるアーティストのように思えてしまった。越後妻有（新潟県十日町市・津南町）では、２０００年からほぼ20年間、3年に1度国際的な芸術祭を行っているが、アーティストは突然やってくるため、最初は地元の人からの違和感や反発を招いてしまう。それは、まさにコウノトリが突然田んぼに降り立ったときの住民の反応と似ているものだろう。しかし、7回目を迎えた今年の芸術祭を振り返ってみると、本当に大きなイベントに成長しており、そして多くの雇用を創出していた。それは、コウノトリの活動が、試行錯誤を繰り返しながら経験を積んでいき、少しずつ活動を発展させていったのと同じプロセスであったように感じる。

最後になるが、グリーンインフラは私たちの日常にとても深く関わるものだ、ということを強調しておきたい。今日の事例にも挙がった雪吊りなどは、兼六園などの特別な場所だけではなく、北陸エリアの一般家庭でも行なわれている。この雪吊りを行うのに、富山の実家の庭だけでも毎年15万円ほどかかっている。そのような市民による維持管理や負担があって、はじめて雪吊りというグリーンインフラの景観が支えられているということを、皆さんに改めて認識してほしいと思う。

佐々木雅幸（同志社大学）

私は、「創造都市」という言葉を20年前に本に書いた。そして金沢で、21世紀の新しい都市の在り方が創造都市だと思うという話をしたときに、「そんなことは４００年前に加賀藩がやっていた」と言われたのを覚えている。これが金沢の自負だろう。同じように、金沢では４００年前に辰巳用水がつくられており、これが兼六園の中で噴水になっている。これは、まさにグリーンインフラといえるもので、金沢のまちと周辺の農村をつないで水の体系を創り上げているものだ。また、琵琶湖疏水ができた後に、東山沿いに曲水を使ってできた新しい庭園も、やはりグリーンインフラと呼べるものである。そうすると、グリーンインフラは何も新しくないのだろうか。いやそれでも、新しい要素があると思うのだ。

社会というのはリニアではなくて、スパイラルにできている。４００年前に加賀藩が行った様々なグリーンインフラ的な先駆的事業を今の視点から見直してみると、生態系サービスという言葉こそないけれど、当時からそのような概念があったという指摘は、まさにその通りであるだろう。しかし、金沢は４００年前からグリーンインフラの都市であるから、いまの金沢でグリーンインフラのための取り組みはもう必要ないかというと、それには反対である。例えば、金沢には、空き家・空き地がどんどん増えている。これを放っておくと、庭園・池がなくなってしまう。そこをどうするのかを考えなければいけない。大量生産・大量消費の社会が、これまでに町や田舎を壊してきた。グレーインフラといわれるものが、町を混乱させてきた。そのグレーインフラからグリーンインフラに切り替えるということを、はっきり言わなければならない。そして、これを宣言する勇気がないと、今日の話に合ったようなグリーンインフラが新たに広がっていくこともない。

今から、どのようにグリーンインフラ的な地域計画をするのか、あるいはエリアの計画をするのかを真剣に考えていかなければいけない。そして、このモデルを、中核市・地方都市の代表都市である、金沢で進めていかなければならない。金沢がこれまでにやってきたことは、全国区で大きな注目を浴びてきた。例えば、歴史まちづくり法は、金沢が第1号だった。創造都市も、金沢が第1号であった。だから、もう必要ないのではなく、金沢でこそグリーンインフラをやるべきだと強く思うし、応援をしていきたいと思っている。

渡辺綱男（国連大学サステイナビリティ高等研究所・いしかわ・かなざわオペレーティング・ユニット所長）

２００８年にドイツのボンで、生物多様性条約のＣＯＰ９があり、そこでＣＯＰ10を日本で開くことが決まった。そのときに金沢大学、石川県、国連大学で里山のサイドイベントを行い、世界の里山について議論するパートナーシップが生まれた。

２０１０年にＣＯＰ10があり、ＳＡＴＯＹＡＭＡイニシアティブ国際パートナーシップ（IPSI）が発足し、その翌年に東日本大震災が起こった。ＣＯＰ10のときは、自然は恵みを与えるものだから、どう共生していくかが大事だという議論をして、自然との共生という愛知目標を世界で合意したが、その直後に東日本大震災があり、時に厳しい試練をもたらす自然とどうやって付き合っていけばいいのかを考えるようになった。

ＣＯＰ10から5年たって、仙台で防災の世界会議が開かれ、パリでは温暖化に関するパリ協定が決まった。災害をもたらす自然とどう付き合えばいいのか、防災・減災のために生態系をどう生かしていけるのかがとても大事なテーマになった。ＳＤＧｓの中でも、災害に対応していく社会をどうやってつくったらいいかがとても大事なテーマになってきている。

今日議論したことは、国際的な議論の場でも、とても重要な課題になってきていることだ。そして何よりも大事だったことは、一つ一つの現場で、グリーンインフラをどうやって実現していくかを考えたことであった。金沢を舞台にグリーンインフラの議論ができたことは、とても意味のあることだっただろう。

私も、ホタルの調査・分布マップ作りに関わり、金沢の網の目のような水のネットワークを強く感じてきた。地域の人が、自分たちの地域を改めて見つめ直して、それをどう活かしていくかが、金沢らしいグリーンインフラを考えていく上での重要な出発点ではないかと思う。エコデモ発見は、地域の人たちが自らの地域を見つめ直して、何を目指していくかを考える際に大きな力になると思う。特に、「自然を治せば社会は治る、社会を治せば自然は治る」という言葉には、大きな魅力を感じた。野生生物や国立公園などの自然をターゲットにした取り組みがうまく進展しないときに、社会のいろいろな課題と結び付けることが、新たな前進につながっていく。グリーンインフラも、多機能や多目的がキーワードとして出ているが、社会の課題と積極的に結び付けて、自然の問題に取り組んでいくことが重要となっていくだろう。

この場には、行政職員、研究者、地域の人たちがいる。さまざまな人たちが、行政に協力するという関係ではなくて、それぞれの持ち味を活かして、一人一人が主役になった柔らかいガバナンス、柔らかいパートナーシップをつくっていくことが、これからの新しい展開にはとても重要となる。今日の議論をきっかけに、金沢ならではのグリーンインフラを、全員が主役になって、議論してつくり出せるようにしていきたい。

付論2
国際シンポジウム・エクスカーション報告

坂村 圭（北陸先端科学技術大学院大学）

シンポジウムの開催に先立ち、金沢の景観を学ぶエクスカーションを「エコデモシート」を用いて行った（2018年8月30日実施）。このエクスカーション実施を受けて、東京工業大学の土肥真人氏に、エコロジカル・デモクラシーの考え方と、金沢の景観がエコロジカル・デモクラシーからどのように見えたのかを説明していただいた。

当日のプログラム

①：石川県庁：金沢市の景観を眺望する
②：鞍月用水土地改良区：用水の多面的機能、上流下流のつながりを学ぶ
③：兼六園：都市景観の中で水を感じる
④：長町：用水と庭園の関係を学ぶ
⑤：エコロジカル・デモクラシーの視点から振り返る

鞍月用水土地改良区の様子

⑥：犀川から浅野川：金沢の地形的特徴を感じる
⑦：浅野川：川を活かしたまちづくりを考える
⑧：卯辰山：再び金沢の景観を眺望する

土肥 真人（東京工業大学）

エコデモというのは、エコロジカル・デモクラシーの略称で、その中心的なことは、「自然を治せば社会は治る、社会を治せば自然は治る」という不思議な回路を、意識的に考えていくことにある。しかし、この大事な回路は、感覚的には分かるが、なかなか目で見ることの難しいものである。そこで、自然と社会を一緒に考えるために、「エコデモシート」というものを作成した。このエコデモシートは、非常にシンプルな構成だが、私たちの思考を手助けする、とても強力なツールである。

今回のエクスカーションでは、１回25分程度の時間を取って、一緒にエクスカーションを行った20名の方々に、エコデモシートへの記入をお願いした。参加者に、歩いたところの風景を思い浮かべてもらい、社会的なこと、生物や自然のこと、そしてそれがどのように風景に表われていたかを記入していただく。そして、これらの意見を全部集めて、兼六園、鞍月用水、武家屋敷の三つの場所にその結果をまとめた。

このエコデモシートの結果をみていくためには、まずはシートに記入されたそれぞれの意見を頭の中に泳がせることからはじめる。そして、「10年後、20年後、あるいは50年後にこうなっていればいいな」というものを探す。何となくこんな未来がいいなと思ってきたときに、その未来に結び付く意見をもう一度探して、未来にたどり着くためのストーリーを作っていく。このように、単なる意見の構造分析ではなくて、未来からバックキャストして意見

卯辰山頂上の展望台にて

を整理し直すことが、エコデモを発見する鍵となる。

今回は、兼六園と鞍月用水に関するエコデモ発見の結果を紹介したいと思う。兼六園は、私たちが「こうなればいいのに」と思っても手が出ないくらいに完成された美をつくりあげている場所で、その未来を考えるのがとても難しい場所であった。まずは、それぞれの意見を並べて、頭の中に置いてみる。すると、雪が降り、桜が咲き、梅が咲き、月が出るという時間が、この場所にいつも流れていることに気づく。もちろん加賀百万石の歴史も流れていて、それを示すような巨木も生えている。そのような時間のランドスケープの変化を楽しむことができる場所であったのだ。あの庭に入ったときの涼しさや静けさなど、肌で感じる自然が、「昔はきっとこうだったのだろうな」、「このようなところをお殿様が歩いていたのだろうな」ということを思い起こさせてくれる。そして、それを実現している水の不思議さがある。用水のトンネルの突堤に金沢城ができたのは、防衛上の理由からであっただろう。その防衛上の理由から、いつの間にかあの美しい庭ができた。高台に垂直と平面のコントラストの庭ができていて、小立野口から辰巳用水が二つに分かれていく。地下から来たきれいな水が庭に入っていって、上を流れていた水は台地の下に落ちていってしまう。それは、お堀になり、軍事用の水になるもので、庭に入っていった水は平和な水になる。

兼六園の水の入り口は、多くの観光客が利用する入り口と反対側にある。兼六園は、まるでタイムカプセルのように金沢の真ん中にあって、それは外との水のつながりの中で生きている。地球の自転や公転によって、あの庭はずっと生き続けているのである。金沢大学の学生と考えて出てきた面白い提案の一つが、水の流れに沿って庭を歩いてみるというものだった。昨日は、はじめて水の流れに沿って兼六園を歩いてみたが、すごく素直だった。こういうことが、時間の流れとの関係を、私たちに改めて問いかけてくるのである。

鞍月用水では、北方理事長にお話を伺った。北方さんは、「今日は雨の中を来ていただいて、ありがとうございます。皆さんにとっては大変だけど、私たちにとっては恵みの雨なのです。ずっと雨が降っていなかったけれど、これでホッとしました」とおっしゃって下さった。用水にはいろいろな機能があって、それをずっと彼らが管理している。今は機能別に社会が構成されていて、だからこそ総合的な連携が必要になるのだが、恐らくそれを超えたものが、鞍月用水にはある。北方さんは「田んぼに入ると、ぬるっとしていてとても気持ち良くて、みんな好きになる。それはお母さんの胎内にいる感じがするからではないか」ともおっしゃっていた。この感覚こそが、機能の足し算以上のもので、そして物語を生む源泉となる価値なのだろう。エコロジカル・デモクラシーでは、これを聖なるものと呼び、一番重要なものに据えている。いろいろな生き物と用水を共有して、そしてそれを知ることによって、私たちはもう一度自分たちのことを学び直すこと

図1　鞍月用水エコデモ発見まとめ

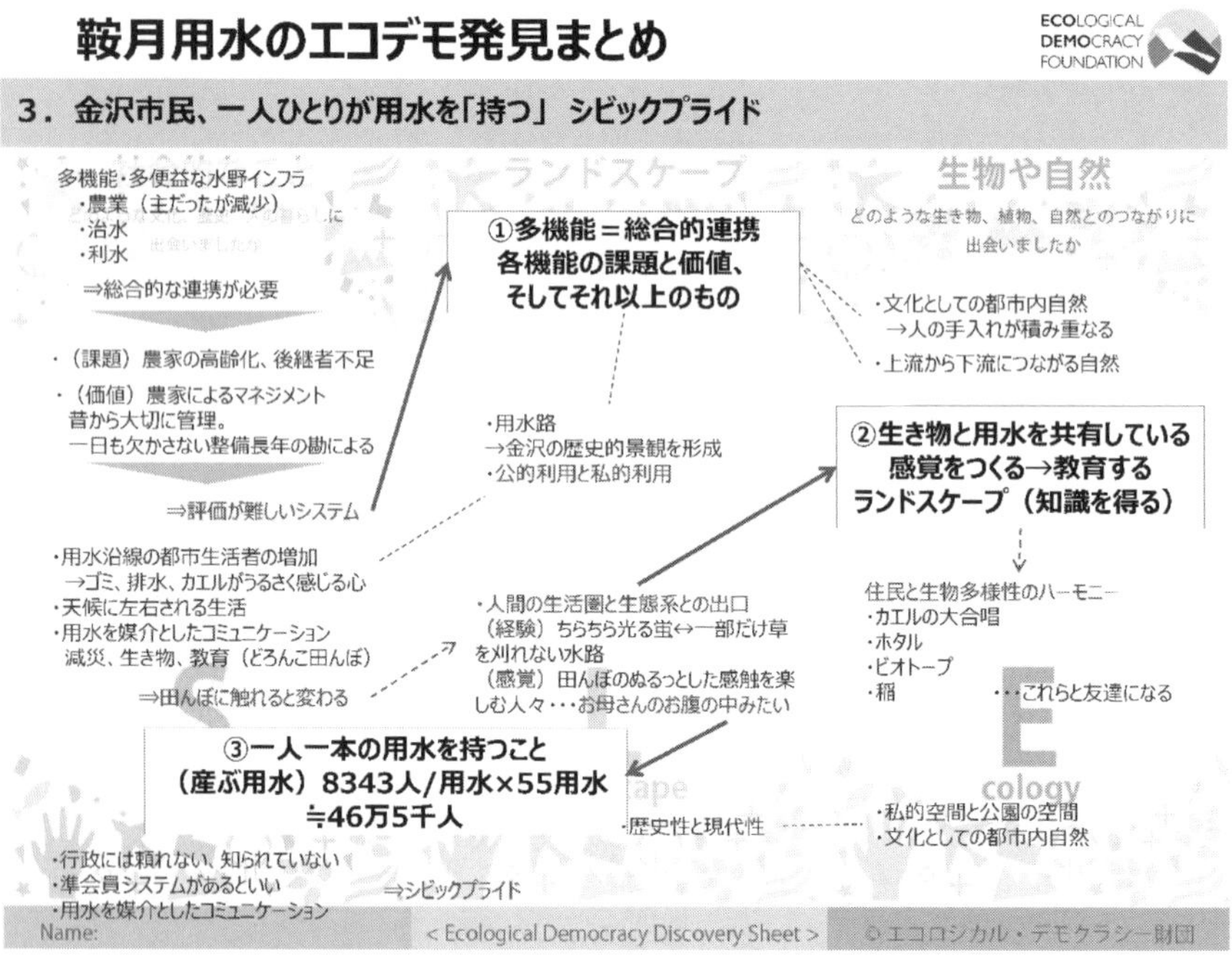

（鞍月用水で描かれたエコデモシート）

ができるのだ。

鞍月用水に関しては、1人1用水制度で、金沢にいる人が自分の用水を一つ持てたらいいのではないか、という話を学生とした。いま金沢には、用水が55本あるので、単純に計算すると、約8000人に一つの用水があることになる。もしこれでは人数が多過ぎるというのならば、用水を新たに増やしてもいい。シビックプライドをつくるための新しい用水、コモンズをつくるための用水である。これは、新しい文化をつくるインフラだろう。用水のこれからを、こんな風に考えることもできるのではないだろうか。

これまでに紹介した自然と社会の関係は、すごくスケールの小さいものだった。しかし、この関係性は、あっという間に犀川につながるもので、奥の山にも簡単につながっていく。海にも雨にもつながり、大きな循環の中で全てを考えることができる。しかし、環境と資源の限界が叫ばれる中、社会の方はこの大きな関係性にアジャストできていない。そして、この状態が続いてしまうと、今日見てきた場所は、恐らく完全に滅びてしまう。そのような状況に対して、どんな社会が描けるかを新たに構想していくのが、エコロジカル・デモクラシーである。この新しい社会のための種は、既にそこら中に見つけることができる。そして、グラスルーツからこの種を伸ばしていくと、その場所だけが良くなるのではなくて、世界中が良くなっていく。そんな回路があるというのが、エコロジカル・デモクラシーの考え方である。

おわりに

菊地 直樹（金沢大学）・上野 裕介（石川県立大学）

本書は、２０１８年8月31日に石川県金沢市で開催された国際シンポジウム「都市景観をグリーンインフラから考える—金沢市における活用と協働—」で報告した主要メンバーが、一般向けに、改めて書き下ろしたものである。このシンポジウムは、これからの金沢の都市景観をグリーンインフラという視点から考えてみようというキックオフの場であった。そのため、まず私たちは、グリーンインフラについて「学ぶ」ことから始めようと思った。

第一部「グリーンインフラを学ぶ」では、グリーンインフラという視点の新しさ、国内外のグリーンインフラの動向についてまとめた。

国内外のグリーンインフラの動向に詳しい西田は、グリーンインフラとは「自然が持つ多様な機能を賢く利用することで、持続可能な社会と経済の発展に寄与するインフラや土地利用計画」であるという。自然保護を主目的とするのではなく、社会課題の解決に自然の機能を活用しようとするグリーンインフラの考え方や技術を取り入れることによって、人口減少や少子高齢化、地域経済の停滞や格差の拡大、災害リスクの高まり、地球・地域環境問題の深刻化といった様々な課題解決への貢献が期待される。そう西田は主張する。

続いて福岡は、リバブルシティ（住みやすい都市）という視点からグリーンインフラの可能性を論じた。リバブルシティとは、そこで働き、暮らす多世代の人たちが、「文化・社会」「健康」「環境」など多様なライフスタイルを選択しながら、快適に「住み続けることができる」のかを考えるためのコンセプトである。グリーンインフラが適応できる都市空間としては、屋上緑地、庭、道路・歩行者空間、都市緑地、河川、空き地・都市農地があると指摘する。福岡は、それぞれの都市にとって何が重要な資源なのか、独創性があるのは何かを真剣に考える必要性を説く。グリーンインフラとは、地域の特徴に即した形で進めていくことが大事なのである。

ここで見えてきた課題は、私たち自身が「金沢らしいグリーンインフラとは何か」を「考える」ことである。

第二部「グリーンインフラから金沢の都市景観を考える」では、主に金沢在住の多様な研究者からの論考を収めた。ここには金沢らしいグリーンインフラを考えるためのヒントが散りばめられている。

上野は、自然災害に備えつつ、自然の恵みを活用した持続可能な都市を創るという視点から、金沢市を例に、都市全体を俯瞰して地域の課題を洗い出し、戦略的にグリーンインフラを取り入れるための方策を提案している。金沢の防災・環境・経済を地図化し、浸水想定エリア内に多くの市街地が広がり、小学校区によっては校区の80％以上が水没する危険があることを示した上で、地図化することで、従来型の人工構造物によるインフラ整備とグリーンインフラのバランスをどうするのか、地域ごとにどのようなグリーンインフラを取り入れるべきかなどについて、総合的かつ戦略的に考えていくことが可能になると指摘する。グリーンインフラがもつ多面的な機能を引き出すためには、部門ごとに独自の個別最適性を追求する行政計画を問い直し、横断的な取り組みにしていく必要がある。

スペイン出身の建築家であるイヴァールスは、都市に自然を取り戻すというパラダイムから、金沢のグリーンインフラを考えている。水を基盤とした豊かな金沢の都市景観。その中でも曲水庭園と湧水庭園は独特の景観を形成するとともに、生きものの生息地としても機能している。ただ、そうした日本庭園には担い手不足など維持管理が難しい状況にある。この問題解決を目指した庭園パイロット体験、まちづくりプロジェクトを紹介しながら、イヴァールスは「すべての金沢市民が庭師に」という夢を語っている。

飯田は、金沢の用水網について「グリーンインフラ」という概念から改めて読み解き、日本型のグリーンインフラの多機能性やデザインのあり方を論じている。同じ一本の用水でも空間的な位置によって、期待される役割が異なっている。一本の用水は多用途に使われているのである。その中で飯田が注目したのは、金沢市内全域で行なわれている用水網を通じて地域の環境を知る「金沢市ホタル生息調査」である。飯田は、用水網は、観光や経済、防災や環境、景観という側面だけでなく、市民の文化形成にも欠かせないのだという見方が必要であり、用水網のもつ多用途性（あるいは、自然の持つ多機能性）の「多」をどのように捉えるかと問いかける。この問いに対して、活動を育む「余地」をあえて残しておく、あえて設けておくことがカギとなると主張する。

フランス出身の日本庭園史研究家であるマレスは、日本庭園とグリーンインフラは相反するのかと問いかける。日本庭園は主に芸術や歴史的なアプローチ、作者論と様式論と意匠論の中で語られてきたので、地域社会の一つの構成要素、自然環境の一部として捉えることは極めて稀であったという。そこでマレスは、日本庭園への捉え方と認識の問題の再考を試みた。そうすると、庭を一つの生態系として調査する試みや、庭園の範囲を超えて地域の自然と、歴史と、人の生活や生業を鳥瞰する文化的景観という試みに出会った。日本庭園とグリーンインフラは相補的な存在であり、将来のグリーンインフラは「自然が持つ多様な機能を賢く利用」して作られた日本庭園から学ぶことはたくさんある。そうマレスは主張する。

これらの論考から、金沢らしいグリーンインフラの姿がおぼろげながら見えてきた。それは用水や庭園といった水のネットワークであり、空き地・空き家に自然を取り戻すことである。では、それらを活かした都市景観、さらにいえば社会をどのように「創る」ことができるのだろうか。

第三部「グリーンインフラから社会を創る」では、順応的ガバナンスという視点に基づいて、グリーンインフラを活かした社会のあり方について試論的に考えてみた。

本書で見出した金沢らしいグリーンインフラは用水に代表される水のネットワーク、空き地や空き家であった。いずれも担い手不足と維持管理の問題を抱えている。これまでと同じようには維持管理はできないだろう。だから私たちが、これから考えていかなければならないのは、こうした用水や庭園、空き地や空き家を新たなコモンズ（みんなのもの）として創造することである。そのためには、多様な人たちとの協働と合意形成を進めていくことが大事になってくる。

菊地は、多様な人たちの協働によって、自然の多面的な機能の活用に向けた活動や政策を形成するためのポイントを示した。第一に問題解決の進め方としての試行錯誤とダイナミズムの保証、第二に価値基準の多元性（柔軟性、固有性、可逆性、主体性、効率性）、第三に問題解決の方法としての物語化による社会的しくみ（認証制度や社会運動）の構築である。この三つの要件を重視して、協働によって活動のプロセスを順応的に動かすことが大事であると考えた。

本書は、グリーンインフラから金沢を考えるとともに、金沢からグリーンインフラを「問い」かける内容になっている点に特徴がある。では、金沢らしいグリーンインフラとは何か？

キックオフの笛は鳴り終わった。私たちは金沢や北陸の場で実践の場を創るという、次のステージに進もうとしている。本書はそのために必要なことを整理したものでもある。これからの展開を楽しみにしていただきたい。

本書は、多くの人たちのお力によって執筆することができた。国連大学サステイナビリティ高等研究所いしかわ・かなざわオペレーティング・ユニット事務局長の永井三岐子さんには、国際シンポジウムの企画に際して大変お世話になった。永井さんがいなければ、シンポジウムも本書も実現しなかったに違いない。金沢市景観政策課のみなさんには企画の段階から、研究者のよくわからない話に辛抱強く付き合っていただいた。国際シンポジウムのコメンテーターを務めていただいた東京工業大学の土肥真人さん、環境省自然環境局の岡野隆宏さん、国土交通省国土技術政策研究所の舟久保敏さん、金沢市都市整備局の木谷弘司さん、金沢21世紀美術館の島敦彦さん、同志社大学の佐々木雅幸さん、国連大学の渡辺綱男さん、当日の参加者のみなさんからは、さまざまなことを学ぶことができた。金沢大学の丸谷耕太さんからは、要所要所で様々なアドバイスをいただいた。本書の執筆者たちは、大変短い期間にもかかわらず、とても刺激的な原稿を寄せていただいた。金沢大学地域政策研究センターの放生幸子さんには、事務手続きから原稿のチェックまで、本当に様々な点でお世話になった。放生さんは実質的な編集者であった。

なお出版に際し、日本学術振興会学術システム研究センター「人文学的地域研究の国際的な学術研究動向調査」(代表：野村眞理 金沢大学教授) のサポートを受けた。こうした多くの人たちに感謝を申し上げ、本書の結びとしたい。ありがとうございました。

著者略歴

菊地 直樹（きくち なおき）※編者　第7章　おわりに

金沢大学地域政策研究センター 准教授

兵庫県立大学／兵庫県立コウノトリの郷公園、総合地球環境学研究所を経て現職。総合地球環境学研究所 客員准教授。博士（社会学）。専門は環境社会学。主な著書として『蘇るコウノトリ—野生復帰から地域再生へ』東京大学出版会、『「ほっとけない」からの自然再生学—コウノトリ野生復帰の現場』京都大学学術出版会、『地域環境学—トランスディシプリナリー・サイエンスへの挑戦』東京大学出版会（共編著）などがある。

上野 裕介（うえの ゆうすけ）※編者　第3章　おわりに

石川県立大学生物資源環境学部 准教授

新潟大学朱鷺・自然再生学研究センター、国土交通省国土技術政策総合研究所などを経て現職。博士（水産科学）、技術士（建設部門）。専門は生態学、緑地環境学など。現在は、環境・社会・経済による持続可能な地域づくりや自然環境保全に取り組む。主な著書に『決定版！グリーンインフラ』日経ＢＰ社、『鳥類の生活史と環境適応』北海道大学出版会、『道路環境影響評価の技術手法「13・動物、植物、生態系」』国土技術政策総合研究所（いずれも分担執筆）などがある。

佐無田 光（さむた ひかる）※はじめに

金沢大学人間社会研究域経済学経営学系 教授、地域政策研究センター長、学長補佐（地域・産学連携担当）

博士（経済学）。専門は地域経済学。主な著作として、『地域包括ケアとエリアマネジメント』ミネルヴァ書房（編著）、『２０２５年の日本　破綻か復活か』勁草書房（分担執筆）、『自立と連携の農村再生論』東京大学出版会（分担執筆）、『北陸地域経済学』日本経済評論社（編著）など。

西田 貴明（にしだ たかあき）※第1章

三菱ＵＦＪリサーチ＆コンサルティング株式会社 政策研究事業本部 副主任研究員

博士（理学）。専門は生態学、環境政策学。京都大学大学院理学研究科生物科学専攻博士後期課程を修了後、当社にて官公庁の自然環境分野の政策調査に従事。総合地球環境学研究所研究員。主な著書として『環境ビジネスのゆくえ―生物多様性ビジネス』日科技連出版社（分担執筆）、『決定版！グリーンインフラ―なぜ今、グリーンインフラが求められるのか』日経ＢＰ社（編著）などがある。

福岡 孝則（ふくおか たかのり）※第2章

東京農業大学地域環境科学部造園科学科 准教授

ペンシルバニア大学芸術系大学院ランドスケープ専攻修了後、米国・ドイツのランドスケープ・コンサルタント、神戸大学特命准教授を経て、２０１７年より現職。作品にコートヤード HIROO〈グッドデザイン賞〉ほか、著書に『海外で建築を仕事にする2都市・ランドスケープ編』『Livable City（住みやすい都市）をつくる』など。

Juan Pastor Ivars（フアン・パストール・イヴァールス）※第4章

国連大学 -IAS OUIK 研究員

スペインで6年間、建築家として建物や広場のマスタープランを設計。２００９年に来日。２０１２年、京都工芸繊維大学 建築設計学専攻修士課程修了。同年、京都大学大学院農学研究科日本学術振興会外国人特別研究員。２０１３年、京都学園大学バイオ環境デザイン学科実験実習指導助手。２０１５年、ヴァレンシア工科大学建築設計博士（日本庭園）を取得する。「間と奥、七代目小川治兵衛と近代日本庭園」と題した博士論文を執筆。２０１６年より現職。

飯田 義彦（いいだ よしひこ）※第5章
金沢大学環日本海域環境研究センター 連携研究員
京都大学大学院地球環境学舎博士後期課程修了。元国連大学研究員。金沢大学、北陸先端科学技術大学院大学など非常勤講師。博士(地球環境学)。専門は景観生態学、地理学、自然共生型社会研究。2014年度日本緑化工学会賞(研究奨励賞）受賞。主著に『景観の生態史観』(分担執筆）京都通信社、『森林環境2017』(分担執筆）森林文化協会、『白山ユネスコエコパーク』(編著）UNU-IAS OUIK など。

Emmanuel Marès（エマニュエル・マレス）※第6章
奈良文化財研究所文化遺産部 アソシエイトフェロー
2002年に INALCO（フランス国立東洋言語文化学院）修士課程修了。2006年に京都工芸繊維大学大学院博士課程後期課程修了後、京都通信社、CRCAO（フランス国立東洋アジア文化研究所)、総合地球環境学研究所を経て現職。博士（工学)。専門は日本建築史・日本庭園史。主な著書に『縁側から庭へ―フランスからの京都回顧録』あいり出版などがある。

坂村 圭（さかむら けい）※付論1 付論2
北陸先端科学技術大学院大学 助教
東京工業大学大学院特別研究員を経て現職。東京工業大学社会理工学院研究科博士課程（工学）修了。専門は都市農村計画、都市デザイン。2016年度日本都市計画学会論文賞学会奨励賞を受賞（「都市近郊農地の持続的な維持管理に向けた共同活動の現代的役割」)。主な著書として「金沢・能登―寄り合いと美しい風景」『BIOCITY No.74』、ブックエンド。

グリーンインフラによる都市景観の創造　―金沢からの「問い」

2019年3月25日　初版発行

企　画　　金沢大学地域政策研究センター
編　者　　菊地直樹・上野裕介
発行人　　武内英晴
発行所　　公人の友社
〒112-0002　東京都文京区小石川5-26-8
TEL 03-3811-5701　FAX 03-3811-5795
e-mail: info@koujinnotomo.com
http://koujinnotomo.com/
印刷所　　倉敷印刷株式会社

ISBN978-4-87555-825-5

出版図書目録

●ご注文はお近くの書店へ
小社の本は、書店で取り寄せることができます。
●＊印は〈残部僅少〉です。品切れの場合はご容赦ください。
●直接注文の場合は
電話・FAX・メールでお申し込み下さい。
（送料は実費、価格は本体価格）

［単行本］

フィンランドを世界一に導いた100の社会改革
編著 イルカ・タイパレ 訳 山田眞知子
2,800円

公共経営学入門
編著 ボーベル・ラフラー
訳 みえガバナンス研究会
監修 稲澤克祐、紀平美智子 2,500円

変えよう地方議会
〜3・11後の自治に向けて
編著 河北新報社編集局 2,000円

自治体職員研修の法構造
田中孝男 2,800円

自治基本条例は活きているか?!
〜ニセコ町まちづくり基本条例の10年
編 木佐茂男・片山健也・名塚昭
2,000円

国立景観訴訟〜自治が裁かれる
編著 五十嵐敬喜・上原公子 2,800円

成熟と洗練〜日本再構築ノート
松下圭一 2,500円

地方自治制度「再編論議」の深層
監修 木佐茂男
青山彰久・国分高史一 1,500円

韓国における地方分権改革の分析〜弱い大統領と地域主義の政治経済学
尹誠國 1,400円

自治体国際政策論
〜自治体国際事務の理論と実践
楠本利夫 1,400円

自治体職員の「専門性」概念
〜可視化による能力開発への展開
林奈生子 3,500円

アニメの像VS.アートプロジェクト〜まちとアートの関係史
竹田直樹 1,600円

NPOと行政の《協働》活動における「成果要因」
〜成果へのプロセスをいかにマネジメントするか
矢代隆嗣 3,500円

おかいもの革命
消費者と流通販売者の相互学習型プラットホームによる低酸素型社会の創出
編著 おかいもの革命プロジェクト 2,000円

原発再稼働と自治体の選択
原発立地交付金の解剖
高寄昇三 2,200円

「地方創生」で地方消滅は阻止できるか
地方再生策と補助金改革
高寄昇三 2,400円

総合計画の新潮流
自治体経営を支えるトータル・システムの構築
監修・著 玉村雅敏
編集 日本生産性本部 2,400円

総合計画の理論と実務
行財政縮小時代の自治体戦略
編著 神原勝・大矢野修 3,400円

自治体の人事評価がよくわかる本
これからの人材マネジメントと人事評価
小堀喜康 1,400円

だれが地域を救えるのか
作られた「地方消滅」 島田恵司
1,700円

分権危惧論の検証
教育・都市計画・福祉を題材にして
編著 嶋田暁文・木佐茂男
著 青木栄一・野口和雄・沼尾波子
2,000円

地方自治の基礎概念
住民・住所・自治体をどうとらえるか?
編著 嶋田暁文・阿部昌樹・木佐茂男
著 太田匡彦・金井利之・飯島淳子
2,600円

松下圭一＊私の仕事—著述目録
松下圭一 1,500円

地域創生への挑戦
住み続ける地域づくりの処方箋
監修・著 長瀬光市
著 縮小都市研究会
2,600円

自治体広報はプロションの時代からコミュニケーションの時代へ
マーケティングの視点が自治体の行政広報を変える
鈴木勇紀 3,500円

「大大阪」時代を築いた男
評伝・関一（第7代目大阪市長）
大山 勝男 2,600円

自治体議会の政策サイクル
議会改革を住民福祉の向上につなげるために
編著 江藤俊昭
著 石堂一志・中道俊之・横山淳・西科純 2,300円

挽歌の宛先 祈りと震災
編著 河北新報社編集局 1,600円

新訂 自治体法務入門
編 田中孝男・木佐茂男 2,700円

政治倫理条例のすべて
クリーンな地方政治のために
斎藤 文男 2,200円

福島インサイドストーリー
役場職員が見た避難と震災復興
編著 今井照・自治体政策研究会 2,400円

原発被災地の復興シナリオ・プランニング
編著 金井利之・今井照 2,200円

自治体の政策形成マネジメント入門
矢代隆嗣 2,700円

介護保険制度の強さと脆さ
2018年改正と問題点
編著 鏡諭 企画東京自治研究センター 2,600円

「質問力」でつくる政策議会
土山希美枝 2,500円

ひとり戸籍の幼児問題とマイノリティの人権に関する研究
稲垣陽子 3,700円

離島は寶島 沖縄の離島の耕作放棄地研究
斎藤正己 3,800円

「地方自治の責任部局」の研究
その存続メカニズムと軌跡〔1947-2000〕
谷本有美子 3,500円

〔自治体危機叢書〕

2000年分権改革と自治体危機
松下圭一 1,500円

自治体財政破綻の危機・管理
加藤良重 1,400円

自治体連携と受援力
もう国に依存できない
神谷 秀之・桜井 誠一 1,600円

政策転換への新シナリオ
小口進一 1,500円

住民監査請求制度の危機と課題
田中孝男 1,500円

政府財政支援と被災自治体財政
東日本・阪神大震災と地方財政
高寄昇三 1,600円

震災復旧・復興と「国の壁」
神谷秀之 2,000円

自治体財政のムダを洗い出す
財政再建の処方箋
高寄昇三 2,300円

「政務活動費」ここが問題だ
改善と有効活用を提案
宮沢昭夫 2,400円

「ふるさと納税」「原大学誘致」で地方は再生できるのか
高寄昇三 2,400円

〔福島大学ブックレット
21世紀の市民講座」〕

No.1
外国人労働者と地域社会の未来
著：桑原靖夫・香川孝三、
編：坂本惠 900円（品切）

No.2
自治体政策研究ノート
今井照 900円

No.3
住民による「まちづくり」の作法
今西一男 1,000円

No.4
格差・貧困社会における市民の権利擁護
金子勝 900円

No.6
今なぜ権利擁護か
ネットワークの重要性
高野範城・新村繁文 1,000円

No.7
小規模自治体の可能性を探る
保母武彦・菅野典雄・佐藤力・竹内是俊・松野光伸 1,000円

No.8
小規模自治体の生きる道
連合自治の構築をめざして
神原勝 900円

No.9
文化資産としての美術館利用
地域の教育・文化的生活に資する方法研究と実践
辻みどり・田村奈保子・真歩仁しょうん 900円

No.10
フクシマで"日本国憲法〈前文〉"を読む
家族で語ろう憲法のこと
金井光生 1,000円

〔自治総研ブックレット〕

No.22
自治体森林政策の可能性
〜国税森林環境税・森林経営管理法を手がかりに
飛田博史編・諸富徹・西尾隆・相川高信・木藤誠・平石稔・今井照 1,500円